岩波文庫

33-945-1

日本の酒

坂口謹一郎著

岩波書店

目次

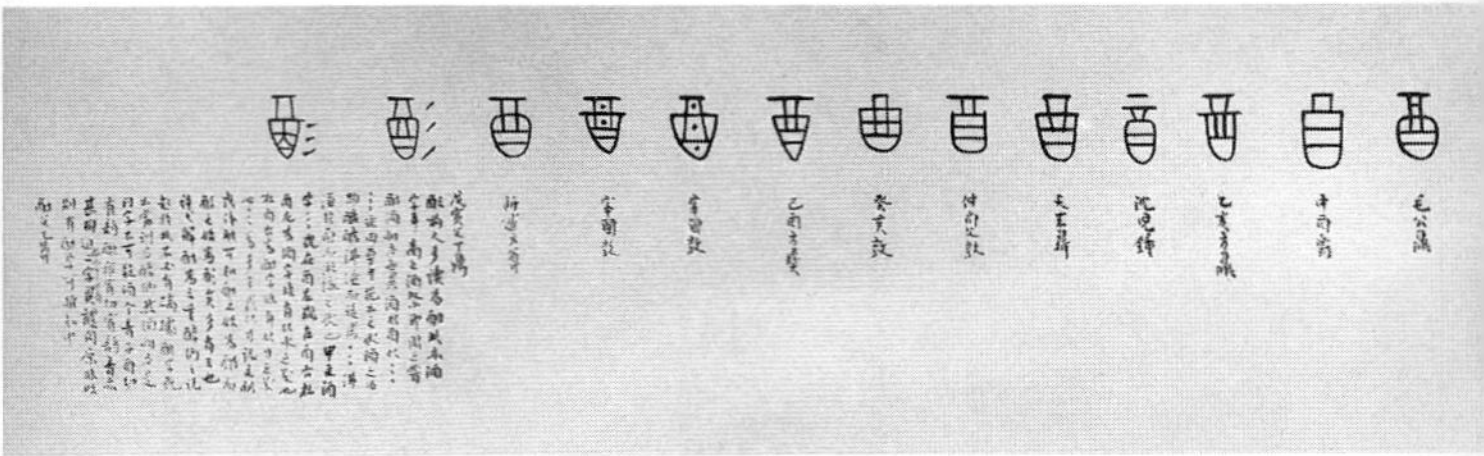

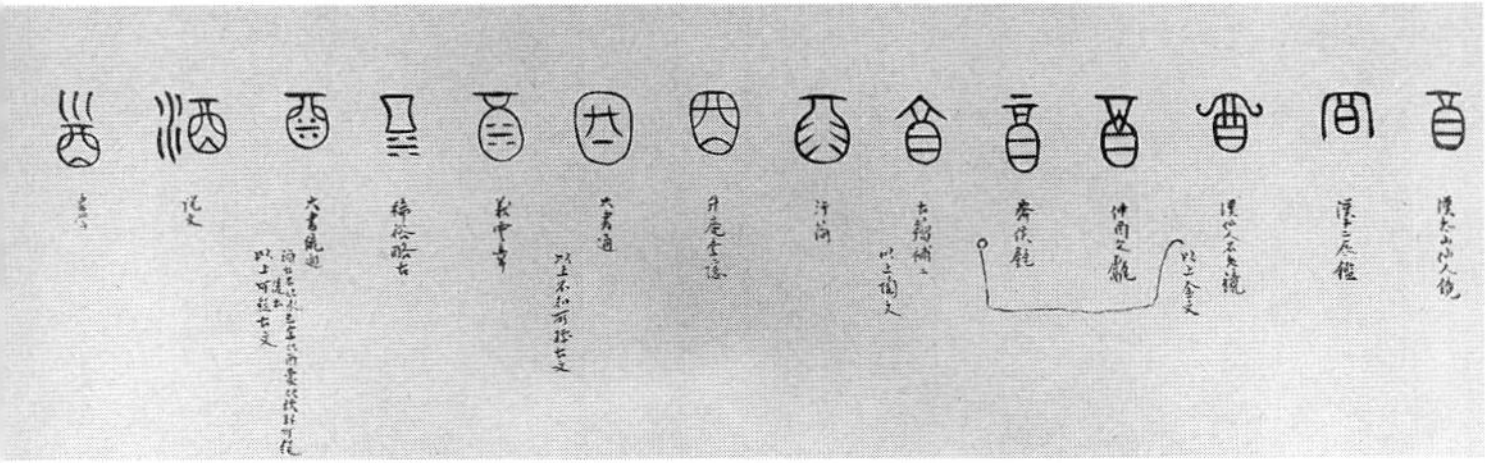

目次カットは幸田露伴筆。古い時代からの酒という字を一一七字写した長い巻物の一部分である。

日本の酒

いそがしい冬の造りがすんで，酒庫にも静かな春がおとずれた

蒸し上がった米をこしきから掘り出す人．その出来ばえを
杜氏に見てもらいに行く人．夜明け前の酒庫のひととき

夜のうちに湧きつきにけりフラスコの液のおもてに泡ぞみなぎる
つつしみて護りし種(たね)ゆまさしくもたふときいのち生(あ)れいでにけり
うたかたの消えては浮ぶフラスコはほのぬくもりて命こもれり
見入りたる接眼鏡(オクラル)のはての薄明にこの世のほかのいのちひしめく
たまゆらに視野を横切るものありて待ちはてにつる心ときめく

かぐはしき香り流るる酒庫(くら)のうち静かに湧けりこれのもろみは
留(とめ)うちて後は静かやあけくれにうつろふ泡のゆくへをぞ守(も)る
冷え冷えと寒さ身にしむ庫のうち泡の消えゆく音かすかなり
湧きやみて桶にあふれし高泡もはだれの雪と消え落ちにけり
泡蓋(あわぶた)を掻(か)けばさやけきうま酒の澄みとほりてぞ現はれにける
泡分けてすくひとりたる猪口(ちょく)のうちふくめばあまし若きもろみは
待ちえたる奇しき香りのたちそめて吟醸の酒いま成らむとす

うまさけはうましともなく飲むうちに酔ひての後も口のさやけき

（『歌集 醗酵』より）

日本の酒は、日本人が古い大昔から育てあげてきた一大芸術的創作であり、またこれを造る技術の方から見れば、古い社会における最大の化学工業の一つであるといえる。したがって古い時代の日本の科学も技術も、全部この中に打ちこまれているわけであるから、日本人の科学する能力やその限界も、またその特徴もすべて、この古い伝統ある技術をつぶさに調べることによってうかがい知ることができるであろう。

このような立場から眺めると、日本の酒には、きわめて独創的な創意工夫が数多く見出されるのである。われらは、日本の酒の古くからの造り方を究めることによって、日本民族が、科学上の独創力においても他に劣るものではなく、また中国技術の影響をうけたにしても、中国周辺の他の諸国とは異なり、決してそれをウノミにしてはいない、という自信を深めざるをえない。

第二次大戦後、日本では洋酒の消費がぐんぐんのびるのにくらべて、日本在来の酒ののびがわるく、一時は斜陽産業のうちに数えられるようにまでなった。これは、一つには生活様式の変化によることもあるであろうが、それよりもっと大きな原因は、戦時戦後を通じての物資不足の結果から、日本酒の業者が「質よりは量を尊ぶ」という方針にあまりにも忠実になりすぎたために、酒の質にいろいろな無理なギセイを払わせたむくいで、そのために大衆が、ほんとうの日本の酒の良さを忘れかけたためではないかと思われる。

酒の公定価格撤廃の可否がさかんに議論された頃のこと、一部には「酒の原料の米の値段が公定されて同一であるにもかかわらず、それから造られる酒の値段にいちじるしい差を許すということは、はなはだ不合理ではないか」という説が有力になったことがある。これに対して筆者は「同一の絵具とカンヴァスを与えられたからといって、出来上った絵の値段が、私とピカソと同一であってよいものであろうか」と応酬するような場面さえもあった。

これにはしかし、単なる笑話としては済まされない本質的な問題を含んでいることを忘れてはならないと思う。多年の価格統制の下に慣らされたわれらは、今や真の良酒の良さやうまさを忘れはててしまったのではあるまいか。アメリカのウィスキーは大衆向きで、安くて平凡だといっても、本場のスコットランドには技術の粋をつくした高級酒があるからよろしいが、わが日本の酒がもしアメリカのウィスキーのようになりはてたら、はたして世界のいずれの国が日本の酒の高級品を造って、品質のレベルを保ってくれるであろうか。世界の国々に特産する酒類は、その国独自のものであり、国民はそれに無限の誇りとあこがれをもっていることは周知のとおりである。世界の先進国のうちで、いずれの国が、自国の酒をいやしめて、他国の酒のみを尊ぶ国があるであろうか。わが日本に、もしそのようなことがおこるとすれば、それは一体どういうわけであろうか。酒を造るものは酒造家であるが、これを育てるものは国民大衆でなければならない。国民一般が多年の統制の結果、高貴な鑑賞能力を失い、真の酒の良さというものを理解できなくなり、また酒造家の方も自信を失ってしまったら、日本の酒は亡びるよりほかはない。

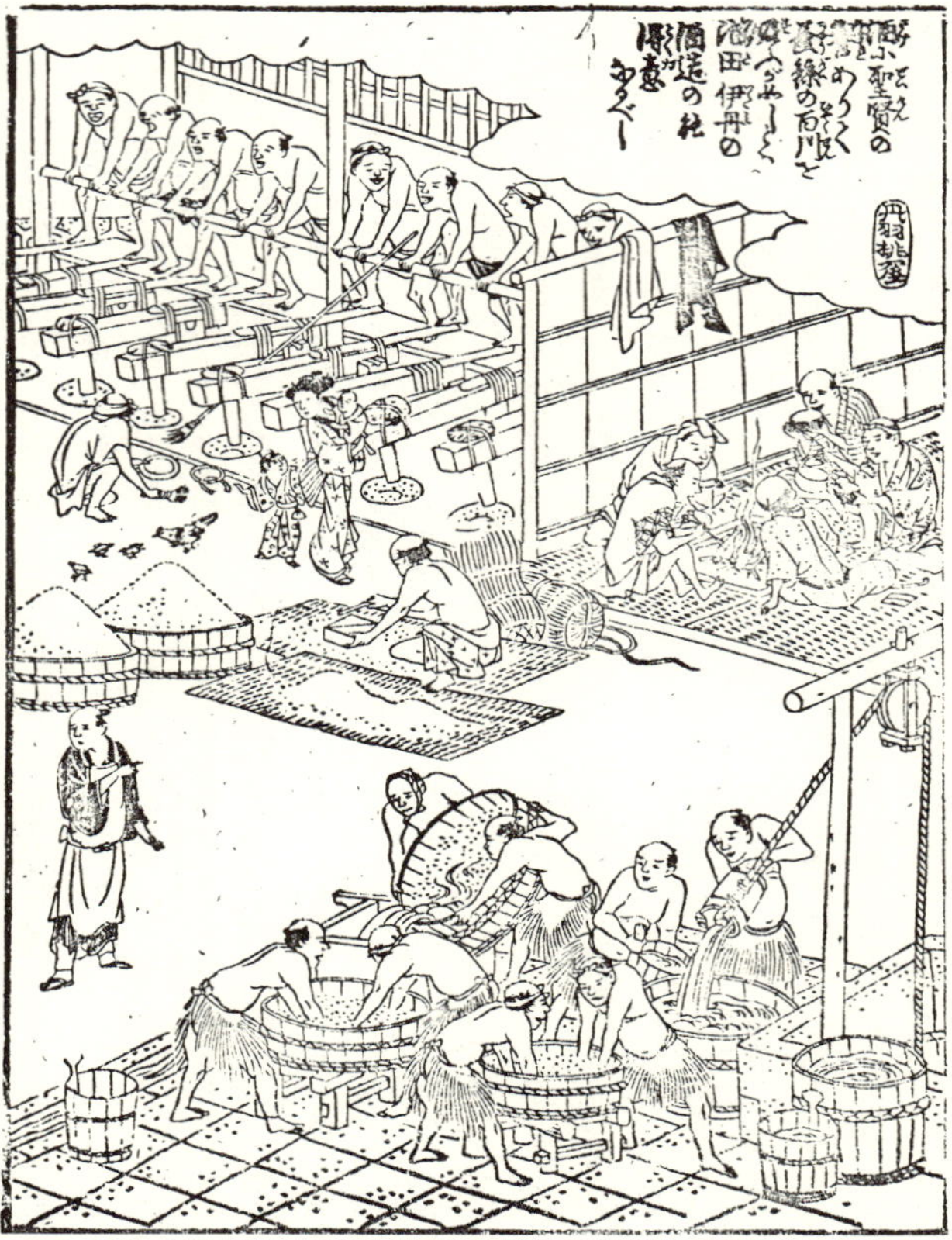

伊丹の酒造りのありさまが一目でわかる.
出版

秋里籬島『摂津名所図会』(寛政 10 年)より.
本文中の『日本山海名産図会』と同時代の

本書では古い時代の記載はすべて尺貫法により，新しい時代はなるべくメートル法と尺貫法とを並記するようにした．両者の換算率は下記の通りである．

1石＝180.39リットル　1尺＝0.303メートル

1間＝1.818メートル　1貫＝3.75キログラム

第一話　甘口と辛口

日本酒の鑑賞

唎猪口（ききちょく）。白磁に映える染付けの蛇の目

文化と酒

世界の歴史をみても、古い文明は必ずうるわしい酒を持つ。すぐれた文化のみが、人間の感覚を洗練し、美化し、豊富にすることができるからである。それゆえ、すぐれた酒を持つ国民は進んだ文化の持主であるといっていい。一人びとりの個人の場合でも、或る酒を十分に鑑賞できるということは、めいめいの教養の深さを示していると同時に、それはまた人生の大きな楽しみの一つでもある。「食らえどもその味わいを知らず」という中国の古い諺がある。未熟ものに対する戒めの言葉であるというが、「その味わいを知る」ことのむつかしさは、わが日本の酒の場合、全く文字通りの意味で受け取らざるをえない。世阿弥や、利休や、芭蕉や、光悦の生まれた国民の間に、昔から育まれてきた日本酒ゆえ、それを完全に鑑賞するには、よほどの深い教養が必要なことはいうまでもないのである。

酒言葉

およそ世に美人といわれるほどの人は、数知れぬ豊富な形容詞や褒め言葉を持つように、江戸時代までは、甘、辛、ピンと、わずか三つの褒め言葉しか持たなかった酒も、今では数知れぬ褒め言葉(その逆ももちろんある)ができていることを先ず御紹介して、味を知ることのむつかしさは申すまでもなく、日本酒の洗練された奥深い性格が、愛好家にとって如何に手ごわい相手であるかをお知りおき願いたいと思う。そして読者諸君が酒を飲まれる時に、次に出てくるような、いろんな酒言葉の一つひとつを思い出していただきたい。もしそのほかにも、諸君の酒に新しい美点や欠点を見出されたら、たとえそれが自分だけにしか通じないような秘め言葉であっても、勝手につくり出して楽しんでいただきたい。そこにこそ、猿が猿酒を飲むといわれるのとはちがって、人間、ことに日本の人間が日本の酒を味わう楽しみがあるというものである。

酒の性格で大切なのは、味と香り（かお）と色である。近頃西洋では、味とも香りともつかないフレーバー(Flavor 風味などと訳されている)という言葉がよく使われているが、酒のようなものでは、香りも味の一種といってもよく、両者はなればなれの鑑賞はできにくいということでもあろう。しかしここでは、日本流に色、香り、味と分けて、先ず一番大切な味の問題を第一にとりあげてみたい。

「住吉物語絵巻」(鎌倉時代)

生まれつきと育ち

味ばかりではなく、酒の風格には生まれつきのものと、あとの育ちでできるものとがあることは人間の場合と同じである。味の基本的な骨組は生まれつき、すなわち酒の醸造中にできあがる。だが、「まるみ」とか調和とかいわれる味は、貯蔵という育ち、またいろいろな「うつり香」とか異味とかいわれるものも、多くはその後の環境によって生まれると思っていただきたい。「うすい」などというのも、おそらくよろしからざる後天的行為の結果であろう。

甘口と辛口

どんな酒のしろうとでも、酒の味について一応もっている意見は、甘口と辛口であろう。ところが、酒のこの区別ほどあいまいなものは先ず少ない。酒の成分の上からは、糖分が多ければ甘いし、少なければ辛いことは、一応の理くつだが、酸やアルコール、ことに酸が多いと、たとえ糖分が多くても辛く感ずる。これは舌の味蕾（みらい）の甘味に対する感受性を、酸が抑制するからである。それゆえ、酸が少ないと、たとえ糖分が少なくても甘口となる。葡萄酒では、糖分と酸との割合は、味のバランスの上からきびしく注意されていて、酸をともなわない甘味のみの酒は、決して尊ばれないのであるが、日本酒の近来の甘口には、よくこの点を忘れたものが見うけられるのは、日本酒の堕落である。このような酒は、はじめの一杯は飲めても、後をつづけにくいのが特徴である。

市販清酒の比較

		アルコール(容量)	エキス	コハク酸	酸度	清酒メーター	分析者
日本花盛		17.34	2.60	0.53	8.98	(+)17.0	エドワード・キンチ(明10)
花盛		17.44	2.33	0.41	6.95	(+)18.0	〃
色娘		18.34	2.50	0.55	9.32	(+)17.0	〃
正宗		14.29	2.57	—	—	(+)11.0	〃
一級酒	最大	16.50	6.71	0.11	1.86	(−) 8.0	吉田 弘(昭38)
	最小	16.00	5.82	0.07	1.19	(−) 3.5	〃
	平均	16.15	6.26	0.09	1.53	(−) 6.3	〃
二級酒	最大	15.80	6.49	0.12	2.03	(−) 8.0	〃
	最小	15.00	4.79	0.06	1.02	(±) 0	〃
	平均	15.28	5.78	0.08	1.36	(−) 4.9	〃
市販酒		15.8		0.083	1.4	(−) 4.1	鑑定官室調(昭55)
〃		15.4	4.99	0.075	1.27	(+) 1.2	〃 (平5)

注）エキスは，酒を蒸発した時に残る固形分で，主として糖分．清酒メーターは，プラスは比重低く辛口で，マイナスに傾くほど甘口を意味する．第二話を見られたい
(以前，清酒の酸量はコハク酸としてのパーセントで示す習慣．今日は酸度．酸度 1.0 はコハク酸として 0.059 パーセントに相当 —— 秋山補)

酒の甘辛の区別は、日本酒のように、時代による変遷のはげしい酒質では、その時代の嗜好の水準に立って考えられていることをも見逃してはならない。

時代と甘辛

清酒の分析がはじめてなされたのは、明治一〇年（一八七七）、東京帝国大学農科大学英人教師エドワード・キンチ氏による。これを近頃の市販清酒と比べてみると（表「市販清酒の比較」参照）、これが果して同一の種類の酒といってよろしいかと疑うほどである。とに

かく、成分の上からは、前者が著しい辛口を示し、後者は大へんな甘口である。このような背景に立つとすると、明治維新の頃に「これは甘口」といわれる酒でも、今の人がもしなめて見れば、口の曲るほどの辛さを感じるであろうことも想像に難くない。古くからの文献を見ると、ある時代には甘口が、またある時代には辛口がもてはやされているが、上のようなことがあるから、現代の感覚でそのまま受取るわけにはいかない。

太平の酒と乱世の酒

大阪府立大学の篠田統教授によると、「昔から太平の世には辛口、乱世には甘口の酒がはやる」という。筆者はまだそれほどの確信ももてないが、あるいは乱世には酒不足のため、少量で満足のゆく甘口、酒のふんだんにある太平の世には、いくらでも飲めて、飲みあきのしない辛口が要求されるという解釈もなりたつかもしれない。

甘口といっても、詳しく区別すれば、「極(ご)く甘」、「甘」、「中甘」、「うす甘」などいろいろある。ここで注意していただかなければならないのは、このような区別も、日本酒というただひといろの酒のタイプの中での区別にすぎないのであって、葡萄酒やシェリーなどのように、ドライとか、メディアム・スイートとか、スイートとか、いろんな甘味度にしたがって同一種の酒の中にも、それぞれ特別のタイプが設けられている場合のような、幅の広さのないことである。

もし甘辛に従う一定のタイプが清酒にも設けられて、それぞれその特色をそなえたものが造られ、甘口清酒・辛口清酒などと銘打って市販されることになれば、女性・男性、また上戸・下戸による好みは申すまでもなく、多くの西洋の酒のように、食事中やまたはその前後によって使い分けることもできて、日本酒の食卓での用途の幅も、また楽しみも、今よりは倍加することにもなろう。今からでもおそくはないので、大蔵省や酒造家の御一考をお願いしたい。灘の或る酒造家の主人にあった時、「私の先代はいつも、お前は二次会で飲めるような酒を造るよう心がけよと教えられた」という話であったが、これなぞはまさしく日本食の場合のデザート・ワインに当るものかもしれない。それは辛口できこえた酒屋さんの話である。

ごく味と雑味

甘辛についで大切な性格は、「ごくみ」とか「こくがある」とかいわれる一種の味であろう。これはまた「にくがある」とか、「濃味(濃醇味)」などともいわれ、「ふくらみがある」とか「はばがある」とかいう言葉もこれに近い性格を表している。英語の「ボディ(Body)」なども似たような意味である。これの反対の性格は「ある」のかわりに「ない」を使えばよいわけである。またこれとは少しちがうが、似たような性格でいやみの面を表現する言葉としては、「くどい」「しつこい」「重い」「濃い」「さばけがわるい」「雑味(ざつみ)がある」などという。ただし最後の「雑味」は、

「絵師草紙」(鎌倉時代)

原料の米の精白度が低いために「糠(ぬか)味(あじ)」があったりして、いわゆる「きたない」とか「ざらっぽい」とか「ががわるい」とかいう場合もあるが、時としては酒の味が「にぎやか」で、「きめが荒い」けれども「こしがある」「男性的な」「線の太い」酒の場合の褒め言葉にも使われることがある。この反対は「きれい」で「きめが細かく」「軽く」「女性的」で「上品」「淡麗」であるが、時に「さびしい」といわれることもある。

押しと引きこみ

むつかしいのは、昔から「尻ピン」とか「ピン」とか「尻はね」とか「はねがある」とかいわれる味である。これはおそらく、日本酒を飲んだ後口にキュッとのこる一種の後味で、味の総合的な力強さを表わす言葉であろう。単に甘いばかりでなく、十分のアルコールや酸味もあって力強い酒を「押しがある」というが、これなどもその性格の一部であろう。すべて「引き込み」とか「後味」とか「残味」とかいって、古来日本酒で珍重された味である。三増酒（後に述べる）などには不足勝ちな性格である。近頃はどうもこの大切な味が軽視される傾きがあるようである。

育ちに関係した味にはそのほかに、「かなけ」とか「金属味」とかいろんな道具などに由来する「異味」がある。近頃は製法が進歩したので味にまで気づかれるようなことはきわめて稀であるが、味より鋭敏な香りや匂いの世界では大いに問題にされている。

忘れられかけた熟成味

酒の育ちの上で一番大切なのは、何といっても熟成味であろう。しかもこの大切な熟成は、現代の日本酒では、外国の酒などに比べると甚だしく軽く見られている。たとえばウィスキーやブランデーは、一年や二年の貯蔵では全くかっこうがつかない。三乃至五年くらいでようやくどうにか飲めるようになるのが常識である。古くなれば古いほど、品質も値もうなぎ登りというのが、シェリー、ポートをはじめ、葡萄酒やシャンパンや、中国のいろんな酒類に至るまで、およそ世界の酒のならわしである。ところが、わが日本の酒に限っては、清酒はもちろんのこと、焼酎のようなウィスキーやコニャックに相当する高濃度の蒸溜酒でさえ、貯蔵による風味の調熟ということを、やかましくいわないのは、まことにふしぎである。

古酒礼讃の日蓮

とはいうものの、もともと日本酒にも新古のけじめがなかったわけではない。筆者の気がついた文献のうちで、一番古いと思われるのは、鎌倉時代に日蓮

「酒飯論」(室町時代)

上人が信徒の男女におくった手紙の中にみえる。上人はよほどの酒好きであったと見えて、酒をおくられてよろこんだ礼状が多い。たとえば「人の血を絞れる如くなる古酒を、仏、法華経にまいらせ給える女人の成仏得道（じょうぶつとくどう）疑うべしや」とあり、その当時の古酒が、どんな色をしていたかさえ、目に見えるようである。今の日本酒でも五、六年も経てば、血とまではいかなくても、うすい醬油くらいの色にはなるし、現に中国の老酒（ラオジオウ）などは、今でも上品（ゆうひん）はそのくらいの色がふつうである。また、「古酒の如くなる油一筒」という句も出てくる。胡麻油のさらさないものは、今でも褐色で、とろりとしている。

芭蕉が上人の忌日の式を詠んだ句に、「御命講（ごめいこう）や油のような酒五升」とあるが、これも上人の「新麦一斗　筍（たかんな）三本、油のような酒五升、南無妙法蓮華経と回向（えこう）いたし候」とあるのによったものである。またその当時の酒の味については、「甘露の如くなる清酒」

一つ〔筒〕つ給(た)び畢(おわ)んぬ」という句などから察すると、相当の甘味(あまみ)もあったのではなかろうか。甘露という言葉は、「おいしい」意味にも使われるが、それにしても全く甘味のないもののたとえにはなりにくい気がする。それに「清酒」は、今のように「せいしゅ」と発音したか、あるいは「すみさけ」と訓じたかは不明だが、そのような澄んだ酒が当時ふつうに飲まれていたことも、まことに興味が深い。とにかく、鎌倉時代の酒の味や色を書いた文献として、上人の一連の消息集は、まことに貴重なものである。

三年酒

室町時代になると、公家や寺院の日記や消息の中に古酒という言葉がよく出てくる。そして、「三年酒」などと、その貯蔵の年代まで讃めたものまである。そして古酒が特に珍重されたことは、江戸時代の引き札などによると、三年酒または九年酒などその値が新酒に比べて、二―三倍くらいであったことからも明らかである。

その頃の新酒と古酒の区別は、今のように酒は冬のみに造られ、従って春頃の酒はすべて新酒であり、土用を越して秋に入ったものが古酒であって、その後、暮から翌春にかけては、それが「大古酒(おおごしゅ)」となるというふうな規則正しいことではなくて、酒は春夏秋冬一年中造られた時代であるから、いわゆる新酒なるものは年中存在したわけである。中でも新秋新米の現れる頃に、これで造られたものが真の新酒である。

これに対して古酒は冬に造られ貯蔵されたものである。長い間の貯蔵に腐らずに堪える酒であれば、アルコールも酸も十分にあって、しっかりした酒であるはずだから、風味もよろしいに相違なく、従って値も高いのが当然であろう。

要するに、古い時代に古酒がこのように珍重されたことは、あるいはこの時代までは古酒を尊ぶ中国の影響が、強くのこっていたせいかもしれない。日本の酒も、古くなると中国の老酒のような香りが出てくる。中国ではこの香りが出るようにならぬと、酒の味がよくならないとされている。中国で珍重される古酒香が、少なくとも今の日本ではひどくきらわれているというのも妙な話である。味がよくなれば香りがわるく(?)なるというのはいずれの酒にとっても宿命的なことである。

味醂式の古酒

日本で昔、古酒といわれていたものには、もう一つほかのつくり方のものがあったようである。それは古くからあった中国の酒の一種で、ふつうならば米と水とで造るはずの酒を、水のかわりに酒を使ってつくる善醸酒(シャンニァンジォウ)という紹興酒(シャオシンジォウ)の一種がある。日本で古酒といわれた酒のうちには、この手法に似たものもあったことは、『本朝食鑑』など江戸時代の初期から中期にかけての文献に見えている。現今の味醂(みりん)は、同様の手法で水のかわりに、焼酎を使っている。味醂は古くは専ら舶来され、「異国の酒」「南蕃酒」として珍重されたが、織豊時代以後焼酎ができるようになってからは、わが国でも造られるようになったのである。

そうはいうものの、たとえ日本の酒でも、ある期間の貯蔵熟成の絶対に必要なことは、「新酒ばな」、「麹ばな」、「はなが若い」などといわれて、新酒のあらい香味がきらわれることでも知られる。その反対に「古酒香」や「ひね香」や、ビン詰の場合の「ビン香」という一種の酸化臭は、日蓮上人の讃美した「油のような」古酒の外観が今では「番茶色」などときらわれるのと同様に、長すぎる貯蔵のせいである。

熟成の美徳

適度に熟成した酒のよい性格は、味に「まるみ」があり、「調和し」、「アルコール味がなく」、そして「さばけがよい」というような言葉であらわされている。「すべり」や「のどこし」がよく、「味の切れ」がよく、「舌ざわりなめらか」というような、酒のヴェテランでなければわからないような「あかぬけ」のした性格の多くは、貯蔵熟成のたまものであると思えばまちがいがない。雑味に富んだにぎやかな酒も、一定期間の熟成を経ると、すっきりとして、水のような「なめらか」な「のどこし」となることはよく経験されるところで、しろうとには、ややもすれば「うすい」というような感じにさえまちがえられるほどにもなる。「色の白いは七難かくす」という古い諺がある。どんなに悪い生まれつきの酒でも、適当な熟成を経れば一応は飲めるようになるものである。どんなこのへんの性格がはっきりつかめるようになれば、はじめて日本の酒の卒業生ということができよう。

醱酵(はっこう)した液をそのまま飲むという種類の酒では、ビールと日本酒と中国の老酒とが世界の三名酒である。日本酒を訳して「サケ・ワイン」などという人があるが、ワインは狭義には葡萄酒であるから、「サケ・ビーヤ」という方が製法に忠実である。もっとも、味の点では日本酒はビーヤよりは、葡萄酒に近いから、単に「サケ」と訳す方が一番無難かもしれない。そのビールも、醸造のしたてには若い香りがはなについてどうにも飲めない。少なくとも三ヵ月内外の貯蔵を経てはじめて飲めるビールになることは、日本酒の場合に冬から春にかけて醱酵の終った新酒が、夏の土用を越して、風さわやかな新秋に貯蔵の大桶から樽におろされ、いわゆる「冷やおろし」を最上とするのと全く同じである。

世界の三名酒

冷やおろし

今とはちがってビールの需要が急増して、その貯蔵設備がなかなか間に合わなかった頃の話であるが、或る新聞に「そろそろ涼しくなったからビールもうまくなるだろう」と書いて大いにふしぎに思われたことがある。筆者の考えでは、夏中はビールがよく売れるのでメーカーの方も十分な貯蔵が間に合わずつい「若いもの」が出廻りがちである事実を皮肉ったつもりである。また「家では若いビールはお客用として別にしてある」とも書いた。これは決してお客を軽べつするわけではなく、筆者のような酒に関係の深いものを訪ねて下さるお客でさえ、大がいの人はどんな若ビールを出しても、一向気にせずにうまいといって飲んで下さるからである。日本酒も世情がおちついていた昔には、このような酒の真のねうちである熟成の風味が一般に理解されていたが、第二次世界大戦という大きな激動期にさらされて、酒でさえあれば何でもというような時代の洗礼をうけて以来、この鑑賞能力の大切な一角が多少あやしくなったようである。

熟成とは何ぞや

それではこのように大切な酒の性格を造り出す貯蔵現象の真のメカニズムは果してどうかと問われても、これは他の国々の学者もわれわれも、現在の科学の段階では残念ながら全く五里霧中の状態であるというほかはない。純粋なアルコールと水とを混ぜたものの液体構造や化学成分が、年代とともにどのように移り変るかを一〇年間にわたって調べてもらったことがある。アルコールの「慣れ」と、液の物理化学性との間の関係は、これで多少わかってきたが、アルコールのほかに数百あるいはそれ以上の物質を含んだ日本酒の複雑さを考えると、それ以上の研究に手をつける勇気を全く失ってしまった。この上は基礎の物理学や生化学の知識が今一段の飛躍をとげる時期を待つのみである。

鳥居清信筆（江戸初期）

ハナリシス

つぎに香りの問題に入ることにしたい。人間の感覚のうちでは舌の方が鼻よりよほどにぶい。味覚はせいぜい一〇〇〇分の一か一万分の一くらいの濃度までしか物の味が判別できない。ところが嗅覚はそれより一けたも二けたも先、つまり一〇万分の一または一〇〇万分の一、物によっては一億分の一以下の濃度でさえ嗅ぎわけることができる。ふつうの化学分析では及びもつかぬほど鋭敏であるから「ハナリシス」などというしゃれがあるほどである。酒を鑑賞する場合、香気が常に味に先行するといってもいい過ぎではない。そして、「鼻につく」などといわれるように、酒でもよいにおいよりはとかく、悪いヴォキャブラリーの方が豊富である。

酒の体臭

酒の香気も味のように、生まれつきと育ちとに分けて考えることができる。生まれつきでは、先ずいろんな酒の造り方によって、それぞれに固有な香気、いわば酒の体臭というようなものがある。たとえば生酛（きもと）系に属する山廃酛（やまはいもと）という製法でできた酒には「山廃香」があり、同じ系統の灘流の枯らし酛(もと)の方法でできた酒には特有な「灘香(なだか)」があるといわれる。

また先にも述べたように、世をあげて砂糖水のような甘口酒がはやってきた近頃では、酒に特に甘味をつけるため、ふつうの酒ならば原料を三回(三段)に分けて加えてゆくのに、その上にさらにもう一回、もちごめや、麹や甘酒などの甘味料を加える。これによってついた一種の香りを「四段臭」というが、四段臭をさらに詳しく嗅ぎ分けると、「甘酒臭」「もち香」「水飴香」「みりん香」などに区別できる。いずれも「くせ」のある香りである。

第二次大戦以後はアル添酒といって清酒にアルコールと水を加えて増量したものや、三倍増醸酒または三増酒などという、清酒に合成酒の成分を加え三倍にも四倍にもふやした酒が現れたので、「アルコール臭」とか「フーゼル臭」、また「薬品臭」「キャラメル臭」「アミノ酸臭」「大豆臭」など昔の人の夢にも知らぬ妙な香りの酒も嗅ぎ分けねばならない時勢になって来た。

道具のにおい　酒造に使われるいろいろな道具やその材料のにおいから来る異臭は、特に敏感にせんさくされる。たとえば「濾過綿臭(ろかめんしゅう)」、パイプから来る「ゴム臭」、酒の脱色用の活性炭による「炭臭」、酒をしぼるのに今ではビニール系合成樹脂やナイロンの袋も使うが、渋を引いた木綿袋を使う場合の「渋臭」「袋香」など、器具の「うるし臭」「金属臭」「石油臭」「油臭」、貯蔵関係からでてくる「冷蔵香」「かめ香」「小囲い香」「水ごけ臭」「かび臭」「泥臭」「ごみ臭」などに至っては全く酒を唎く仕事も容易ではない。

木香

同じく道具からくるにおいのなかで、「木香」は昔の日本酒になくてはならぬ香りとされ、酒にこれをつけるために苦労した時代もあった。酒樽が杉材であるため、杉にふくまれている芳香性のテルペンや精油が酒にとけ出してつく香りである。樽底の酒になると、西洋のジンのような強い香りがしてくる。昔は尊重されたこの木香も、今ではだんだん大衆にきらわれ、ビン詰の盛行とともにほとんど見られないようになった。しかし最近は再び、短期間の樽詰めによって、ごく軽い木香をつけた酒が通人の間でよろこばれるような傾向も見える。これは、木香に対する嗜好の復活というより、むしろ樽材に触れてできる酒の熟成した風味がよろこばれるためにちがいない。

酒造りのしくじりから出てくるにおいは、専門家が一番神経をとがらすところである。酒の鑑定はその本来の目的である良酒を見つけ出すことよりはむしろ、これらのわるいにおいを嗅ぎ出す競争の場と化するかの観があるのは、審査会などでよく見うけられる風景である。

つわり香と冷えこみ香

わるい臭気のうちで大物をあげれば先ず「つわり香」。これはその主成分がダイアセチルという化合物であるという説と、醋酸臭の一種であるという説とがあって一定しない。清酒ばかりでなくビールや酢などの醸造した物やバターなどにもふつうにある香りであって、微量の場合には必要な香気であるが、過ぎると悪臭となる。「つわり香」につぐのが「冷香（れいか）」または「冷えこみ香」。これはふつうに一種の「糊香（のりか）」をともなった「寝（ね）ぐさい」においであって、「漬物香」や「風引き香」などはこれに近い。

　醋酸や酪酸のような揮発性の酸ができるのも酒の一種の病気であって、つんと鼻を突くから「つん香（か）」ともいわれる。ことに酪酸は極微量にあっても容易にわかり、チーズや乳のような香であるから、「チーズ臭」、「乳香」、あるいは「ぶしょう香」ともいわれる。「汗香」などもこれに近い。とにかくあまり感心できない香りである。

わかりにくい灘香

「灘香（なだか）」を酒の病気に基づく異臭として片づけたがる意見があるが、これは幕末に現れた灘地方の酒造法の「ギリ酛（もと）」の方法によく出がちであった「腐卵臭」あるいは「硫化水素臭」のことを、明治時代にこの名で呼んだこともあるためである。今の灘香は「枯らし酛」という灘独特の酒造法で出てくる一種の香りだといわれている。灘の酒造家はもちろんのこと、人によっては灘香を親しみ深い芳香

大津絵の「酒呑み奴」(江戸中期)

とみるが、またその反対に一種のよくない「くせ」ともいう人もある。正体のつかみにくい香りである。

無上の香り吟醸香

品評会がはなやかだった頃に忽然として現れ、多くの審査員に酒の無上の香りとして尊重されたものに「吟醸香」というものがある。この香りさえついていれば全国の品評会でも優勝疑いなしというので、全国の杜氏(酒造の技師長格)がこの香りを出すのに心魂をかたむけたものである。この香りが酒に出なかったことを主人にせめられて自殺した杜氏さえあったという。この香りはバナナやリンゴにあるような一種の「果実臭」であって、従来の酒の香りとはおよそ縁の遠い香りである。これは極端に精白した米を使って低温度で醸造した場合にともすれば出てくるが、それにしても百発百中とは行かず、残念ながら全く偶然の産物といわざるを得ないようなところがある。

この種の酒の味は、いわゆる「淡麗」ではあるが、「やせ型」で、往々にして過剰な苦味を伴う場合もあるのであまり好まない人もある。近頃は高温で先ず糖化を十分にしたものに、特別の酵母を使って吟醸香を出す工夫も現れたが、この種の酒には肉の厚いタイプもある。要するに吟醸香の神秘も、酒造りの上の一種の遊戯にすぎないようである。

神秘にいどむ

吟醸香の本体は、ようやく近頃になってわかってきた。それは正バレリアン酸とかカプロン酸とかいう酸と、アルコールとの化合したエステルである。酒の中の未知の成分を研究するには、先ず大量の酒を使ってその成分を集めるのが定法であるが、吟醸酒というような高価な酒を何石も使うということは、限られた研究費では思いもよらないことである。そこで考え出された方法は、酒の中にあると思われるような化合物を、全くのあてずっぽうに何十種となく合成していって、できた化合物の香りを検するという新方法である。幸いにも「やま」が当って見つけ出されたのが前記の物質である。この発表以来、大へんな苦労をして吟醸酒を造るまでもなく、ふつうの酒にこれらの物質を含んだものを加えればよいということになって、いわゆる「つけ香」まで現れ、吟醸香の昔日の神秘性も全く地におちてしまったのである。

火落香

昔から酒屋さんが一番恐れた酒の病気に「火落（ひおち）」がある。これはまた「火が来る」ともいわれ、すっかり出来上った酒を酒蔵の大桶の中に囲っておく間に、この惨禍におそわれると、数旬の辛苦と全財産を傾けた大切な酒が、一朝にして「どぶ水」かまたは銭湯の捨て水そっくりの悪臭をおびた濁汁と化してしまうという恐ろしい病気である。昔から大酒屋の没落や破産はすべてこれのおかげといってもよく、明治時代の末までは酒造業は銀行が金を貸さないほどの不安定な企業とされたのも一にこのためである。

その病気の前兆として先ず気づかれるのがすなわち「火落香（ひおち）」または「火香（ひが）」といわれる前記の悪臭である。しかしこのような災厄もその後の醸造法の進歩によって、今では工場での火落はほとんどなくなったが、家庭でビン詰を開けたまま放置しておくような場合にはよく見られることがある。

色と味

最後に残ったのは色の問題である。昔から酒は「琥珀色（こはく）」とか「黄金色（こがね）」または「山吹色（やまぶき）」などといって、多少黄色味をおびたものが貴ばれたが、近頃は色のうすいものが好まれ、また同じ黄色でも「番茶色」のような赤味はきらわれて、「青ざえ」がかったものが好まれている。酒は貯蔵を経るほど色を増すから、色の濃さは一方では「なれ」のよさを物語ることにもなるので、外観のみにこだわることはあまり賛成できない。ところが近頃は「水の様（よう）」に、ほとんど無色に近い「淡麗」が喜ばれ、酒に活性炭素を加えて、せっかくの色を抜くことが盛行している。そのために「炭がからんで」うす炭色をした「黒い」酒などさえ見られることがある。ウィスキーでは、アメリカのように貯蔵樽の内面を火にあてて炭化させる国もあるので、あまり輝かしい黄金色よりはむしろ黒ずんだ色の方を本ものの証拠とする場合もあるが、炭末の残った酒なぞは困りものである。

白ぼけ

色よりもっと酒に大切なのは「てり」または「さえ」である。近頃「アル添」が盛んになり、しかも内容のよく見えるビン詰が主になって以来、特に問題にされるようになったのが「白ぼけ」または「ぼけ」という酵素蛋白質のうす濁りであって、これが「てり」を悪くする原因となる。酒を唎く時に使う唎猪口(ききちょく)は、大きな白磁の深い湯呑みであるが、その底に青い太い「蛇の目(じゃのめ)」が画かれているのは、専らそれに照り映える酒の光沢を観察するためである。

めくら猪口

唎猪口には内面を黄色に塗ったものもあって、「めくら猪口」という。これは、酒の色さえうすければ必ずよい点をつけるような審査員をけん制するための、一種の色眼鏡のようなものである。考えて見ると、酒の場合ばかりではなく、われら日常の生活でも、知らず知らずの間に、えらい「めくら猪口」を使わせられていることが少なくないのではなかろうか。

さてここまで話を進めて来ると、それならば味、香り、色の上でどんな性格を兼ねそなえたものが真の美酒であるかという問題にぶつかる順序となる。

生身の美

これは筆者にとっても一番の難問である。三十二相を具備した仏さまの姿のように、あらゆる美点を網羅してもこれは一種の抽象美であって、現実の生身(なまみ)には許されない姿にちがいない。美酒でも美人でもいやしくもそれが現実の具体的実在である以上、長所もあるかわりには短所もある。ましてそれを判断する側の人間そのものが、それぞれ独自の主観や感情の持主であるわけである。それ故めいめいがその美点を見つけ出して、これを楽しむことこそ真の愛酒家の態度でもあり、正しい批判もそこから生まれなければなるまい。

さわりなく水の如くに

ただここに忘れてならないのは、たとえ酒の姿にいかような極端なくせや特徴があろうとも、それはその酒の持ち味であり、めいめいの好きずきによることでもあるが、酒質の調和だけは、日本酒に限らず世界中の酒を通じての、大切な基本的性格であるということである。これをわかりやすく表現すれば、「さわりなく水の如くに飲める」ということである。うちに千万無量の複雑性を蔵しながら、さりげない姿こそ酒の無上の美徳であろう。それはちょうど、おいしいクリームを含む牛乳が特に美味を感ぜず、太陽の光線が、内に七色の華麗を蔵しながら、何の色

室町時代の酒宴.「酒をはなれてかひもなし. 後の世までもかはらけにならむ」(「酒飯論」による. 奈部嘉雄氏蔵)

も示さないのと同じである。

酒を唎くには

さて上に述べてきたような日本の酒のいろいろの性格を、それではどうして鑑定するか。それにはよき環境と、よき「さかな」とで、ただ酒を飲んで見ればよろしいわけであるが、その道のくろうとが鑑定するやり方、すなわち「唎酒(ききしゅ)」には一定の方法がある。

酒を唎くには、先に述べたような「唎(きき)猪口(ぢょく)」を使う。この場合に、色を見るには、猪口に満量に近い方がよく、香(かお)りをきくには、六、七分目に入れるのがよい。先ず猪口の中の酒を軽く動かして香りを立たせて香をかぐ。次には酒を空気とともに口に吸い込み、口をとじて鼻の孔から静かに息をはき出す。前のように猪口の上からかいだ香りを「はな」というのに対して、このようにして鼻から出てくる時の香りを「ふくみばな」ともいい、これで香りの欠点がわかる場合が多い。これはおそらく味をつかさどる味蕾（みらい）が咽頭や口蓋の先の部分にもあるから、酒がガス状になって、香りのほかに味も感ずることになるためであろう。

酒を口に入れる量は、人によって異なり、一グラムくらいで十分だという人もあるが、ふつうは二、三グラム程度、盃で三分の一くらいがよい。そしてたくさんの酒を唎く場合には、毎回の量をなるべく一定にしておかないと、量によって味感がかわることがある。口中の酒は、なるべく口内一面、ことに舌の全面に拡がるようにする。舌端では甘味、舌の中間部の周縁では酸味、根もとでは苦味というように、味蕾が分化していて味覚を感じ分ける場所が異なる。味を見たあとも、しばらくは酒を口中に止めておいて、味の調和などデリケートな性格を考える。

のどこし

「のどこし」といって、酒を飲みこんだ時のすべり工合を見るのも大切と思うが、ふつうにはこれはやらずに、口中の酒を吐き出してしまう。ビールの場合には、「のどこし」を尊ぶので、これには相当の量を飲む必要があるから、ビールの審査は一時に一〇点以上はできないという人がある。酒の場合は、やむを得ず一日に数百点を試みる必要もあるためか、「のどこし」を見ないのがふつうのようである。西洋で葡萄酒の場合には、吐き出す人もあるが、そのまま飲みこむ人もあって一定しない。その時の事情によることであろう。唎酒で一番むつかしいのは、数多くの酒でなしに、ただ一点だけ出されて、それがどのくらいのランクのものかと聞かれる時であるとは、その道の達人の話である。

味　盲　味や香りの感受性には、個人差が著しい。これは同じ日本人でも味蕾の数が三二二から二九五五(平均一三〇〇)までの差があるといわれ、そればかりではなく、色盲と同じように、ある種の味に対する味盲も案外多く、西洋人には男の三〇パーセント、女の二五パーセントもあるといわれる。日本人のような東洋人は、それにくらべるとはるかに優秀で一三パーセントというから、酒の鑑賞力なども優れていることであろう。ただし、このように感覚の鋭いことは人種が高等であるという理由にはならず、むしろ動物に近いといわれるかもしれない。

パネルを組んで　そのようなわけで唎酒能力は人によって大差があり、また熟練によって進むことは申すまでもない。近頃では唎酒の有資格者をきめるのに、酸味(塩酸のいろんな濃度)、塩辛味(食塩)、甘味(砂糖)、苦味(キニーネ)の標準溶液で、各人の唎きわけ得る最低濃度を試験して、それを目安にして人選することも考えられている。このようなヴェテランの数人を以て「パネル」を組む場合には、いかなる風味も、その濃度まで的確に感知されるのである。筆者はこのようなパネルを使って日本酒の未知成分を検索することを、新しい研究法として大いに推奨したいと考えている。この方法によれば、既知の物質では、たとえば醋酸や乳酸は一〇〇〇分の一から一万分の一、先に述べた「火落香」の主成分であるといわれるジアセチルの如きは一〇万分の一の濃度で検出されるのである。酒の中の未知の香味成分を、このような方法で追っかけていってつかまえ出すことも不可能ではないはずである。

味を探る

上に述べたような日本酒の味や香りの原因については、明治以来たくさんの研究者によって研究がなされている。ことに日本には、世界の醸造界に類のない合成酒といって、化学成分を合せて天然の酒と同じものを造るという驚くべき科学が生まれたので、そのための醸造物の成分の研究は、その数においても、またその内容においても世界の他の国の追随をゆるさないほどである。それであるから、この味はこの成分、あの香りはあの成分というふうに、今では大体の説明ができるのである。

日本酒の味、コハク酸

たとえば、日本酒に特有な味の主体は、コハク酸という酸の味であることは、今から四〇年近い前(一九二〇)に、高橋偵造教授によって発見されている。この酸の味をドイツの化学書で見ると、「不快なる酸味」と書いてある。外国人はこの酸の味をそのように感じたために高橋教授のような重大な発見を逸したのであるが、実は日本酒の味はこれがなければ成り立たない。鈴木梅太郎教授の合成清酒の発明も、この高橋教授の発見で大いに助けられたとも見られる。ところがこのコハク酸は、葡萄酒にもビールにも、そのほかのすべての醸造物に含まれていて、それらのうま味のベースの一つとなっていることは、今でも西洋の学者で知っている人が少ないのである。

「こく」の正体

とはいうものの、この道はまだ未知の分野だらけであって、たとえば、先に述べた酒の「こく味」とかいうような性格は、決してコハク酸のような単一な物質による結果ではなく、数多くの成分、そのうちにはもちろん多くの未知物質をも含む、成分の完全にハーモナイズした一種のオーケストラともいうべきである。先頃理化学研究所で、酒の成分をいろんな方法で分割していって、「こく」の正体をつきとめる研究をした時にも、はじめのうちは分けた部分を合併すると、ちゃんと「こく」という性格がりっぱに認められていたが、だんだん細かく分けてゆくうちに、とうとう、もれなく分けたはずの全区分を合せてみても「こく」らしい風味は再現せず、いつのまにやらどこへか煙の如く消え去ってしまったというようなひどい目にあったこともあるくらいで、実にむつかしい仕事である。

鎌倉時代の戸外の酒盛り．住吉詣での従者たち
(「住吉物語絵巻」による．東京国立博物館蔵)

酒とさかな

酒の鑑賞を説くのに忘れてならないのは、酒の飲み方である。まことに酒はさかなによって味を生じ、楽しみを加えること、時には酒よりはむしろ酒のさかなの方が大切であるともいえよう。しかし本書の建て前では、この問題に深入りもできないので、最後に、日本酒と食事との関係について述べさせていただいて本章を結ぶこととしたい。

西洋の食卓で酒が料理の味を助ける大切な役目をつとめているのに比べると、日本食の場合には、酒は酒で勝手なさかなを求めて独行し、料理は料理でお米の御飯の奉仕を専らにするのだから全くのはなればなれの関係にある。

「お食事」といえばすなわち「米の飯」のことと心得るほどの米飯主食主義の日本料理のあり方に対し、これはあるいは酒の側の反抗とも見ることができよう。西洋では食事の主な部分を占める料理を、日本では「おかず」とか「副食物」とかいって片づけている。従って酒の方でも、そのようなものを酒の菜(な)(「な」はさかなであるとの説もあるが)つまり「さかな」として、酒に合うものを別に求めて「食事」から独立し、あるいは多くの場合にはこれに先行しようとする。日本酒が専らアペリチーフ(食前酒)の形をとるようになった原因も米飯主食主義の副産物と見ることができよう。

昔の飲み方

ところが田内静三氏によると、日本でも昔は、今のような酒の飲み方をしなかったということである。それは茶会の場合の懐石を見ればわかる。酒は空腹の時に飲むべきではないという。なるほど『伏見の酒』という書物の中の千宗興氏(裏千家)の話に、茶事の懐石について次のように述べられている。

「先ず冬期なら、茶室で炉に対って炭手前で湯加減の温度を整え、湯の温度が適当になるまでの間に、一汁三菜程度の懐石料理が出る。その時に酒も出されるのだが、その出し方が大へん合理的に決っている。最初にお向に汁、御飯がお膳についており、汁と飯を少量いただいてお腹の工合を一寸ととのえると、亭主が出てきて初めて一献(いっこん)をすすめるわけである。その一献によりお向をいただく。そして煮物が出たあとにまた一献という工合に、お腹の調子がととのってくるのに従って、適当に酒を飲んでもらう。つまり、深酔や悪酔をせぬように、都合よく考えてある。そして最後に、八寸という海の幸、山の幸で一献、亭主と客の間で盃の取り交わしがある。しかし、飲めない人には、決して無理強いしないことになっている。盃は塗り盃を正式として、途中で寄せ盃といって亭主がいろいろな珍しい盃を持ち出しておすすめすることもある。酒の量も三献で一合から二合くらいのものであるから、量的にいっても知れている。」

近頃町の料亭などで、料理のコースを順々にはこび、その間に酒を飲み、最後に飯(めし)にするという仕組みは、このような昔の茶道を加味したことになるかもしれない。

また三輪神社の神官のお話によれば、神前に饌をそなえる場合には、昔も今も米は先、酒は後であるとのことで、伊勢神宮のみは米と酒を同時にすすめるともいう。これなども、わが国古代の食事における酒と飯との関係を物語るものではないかと思われる。

西洋も二次会酒

要するに、日本酒も従来の飲み方はそれとしても、そのほかに、洋食の時のような飲み方になること、すなわち食前酒、食間酒、食後酒、そして二次会酒という順序になることも必要であろう。二次会酒などというと笑われるかもしれないが、西洋では大量の酒は多く食後の歓談の間に飲まれるのは周知の通りである。

第二話　品評会と統制

現代のサケ

大蔵省醸造試験所。酒の大本山。明治の頃に水がよいので王子滝野川に建てられた

酒は時代の所産であり、時の社会を反映する鏡でもある。従って、時代により歴史に応じて、酒質の移り変ってゆくことも、ことに日本の酒のような造り方の酒にとっては当然である。ここでは、このような見地から、現にわれわれが日常親しんでいる日本の酒が、一体どうしてこのような酒質になっているかについて、明治以来日本の酒に作用したいろんな因子について考えてみたいと思う。

うつろいやすい日本酒

第一話の表にも見られる通り、明治の初年(一八六八)から、わずか一〇〇年たらずの間にさえあのような差があることを思うと、日本酒の酒質のうつろいやすさを思わずにはいられない。これが他の酒類、たとえば葡萄酒でも、ウィスキーにしても、長年の貯蔵を経た古いものが、ほとんど迷信とも思われるくらい尊ばれている酒類では、その古いお手本の手前、後の酒の酒質には、それほど突飛な変化のおこるはずはない。それに比べると、日本の酒では、その年の酒はその年のうちに消費されつくす建て前になっているので、年ごとの政治や経済の影響が積み重なって、長い年月の間には、思いもよらない大きな変貌をとげることも可能である。しかしこれは、必ずしも日本酒の短所であるとばかりはいい切れない。むしろ日本酒の、時代とともに進んでゆく、若々しいフレキシビリティーを特徴づけるものともいえるであろう。

現代酒を生み出した原因

さてそこで、明治以来日本酒に大きな影響をあたえ、現在のような酒にもってくるようにさせた原因は何であるかといえば、これには、少なくとも三つの大きな出来事を指摘することができる。すなわち、その第一

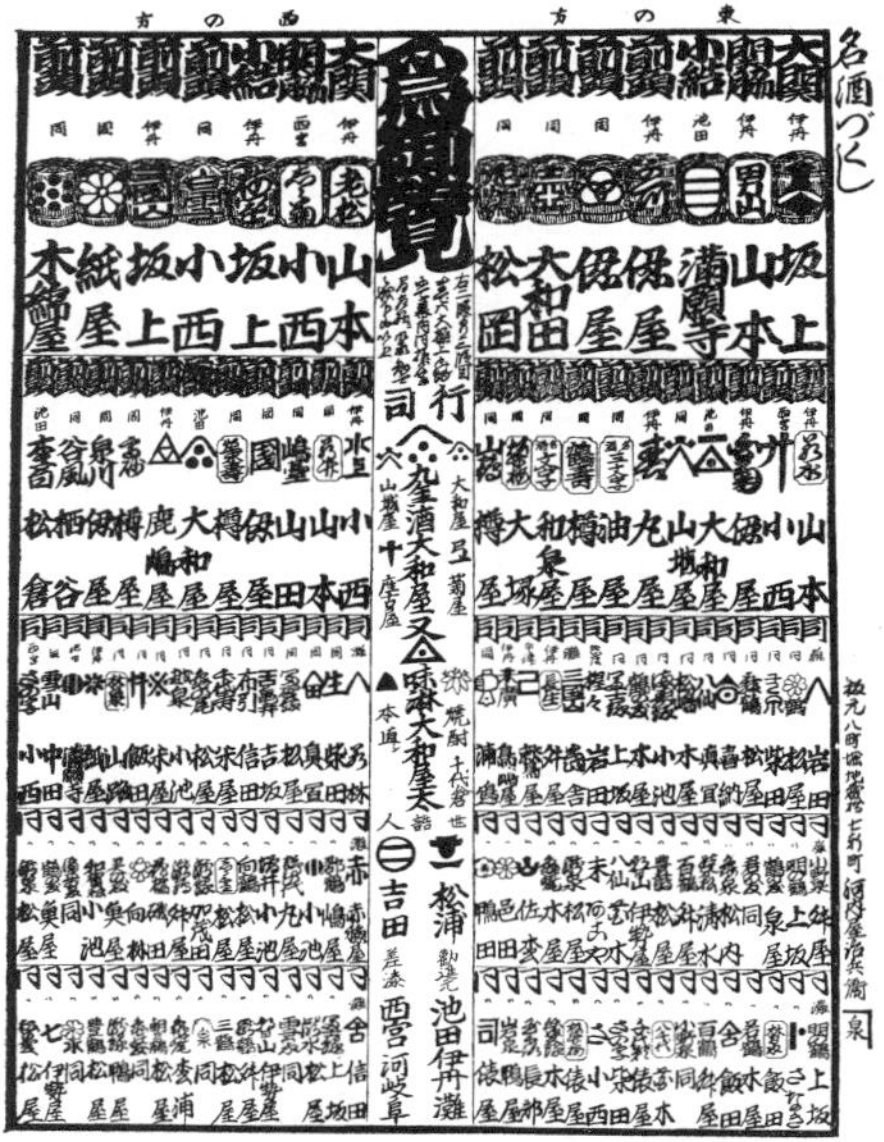

昔の酒の評判．江戸流行名酒番附．池田・伊丹の全盛時代であろう（石橋四郎『和漢酒文献類聚』より）

は全国清酒品評会の発足であり、第二には米の不足の結果として現われた合成清酒の発明、そして第三には第二次世界大戦の前後を通じて酒に加えられた官僚統制である。そして後の二つは、互いに相助けて、現在の酒質を生み出す上にとくに強い推進力となったのである。そこで先ず第一に、品評会の出現が、現在の酒質をどんなふうにして造り出して来たか。言葉をかえていえば、現在の酒に対する品評会の功罪を考えて見たいと思う。

品評会の功罪

全国清酒品評会は、明治四〇年(一九〇七)一一月、全国酒造業者と大蔵省の関係官僚とによって結成された社団法人日本醸造協会の主催の下に、醸造試験所でその第一回が開かれることになった。当時の日本は日露戦勝のあとをうけ、国をあげて産業奨励の風潮がおこりかけた時代であって、酒の方もまた例外ではなかった。明治の初年には「清酒は不衛生飲料であるから、国民はすべからく滋養に富む衛生飲料なる外国酒を飲用すべし」などといわれた清酒も、この頃になってようやく、「近頃は西洋料理の宴席にも用いられる」ようになり、政府でも日本酒研究の大切なことに気がついて、醸造試験所を、王子の飛鳥山に設置するような気運になってきた頃のことである。

晴れの舞台

この品評会は、その後も一年おきに盛大に開かれて、当時全国八〇〇〇といわれた酒造業者の、腕を競う晴れの舞台として、酒造界最大の行事となった。そこで賞を受けることは、酒造家として最高の名誉であるばかりではなく、そこで押された太鼓判（たいこばん）は一々の酒びんのマークに利用され、ひいては酒の売行きまでが大きく伸びるという実際上の御利益までもつことになった。そんなわけであるから、その審査のやり方なり方針なりが、全国の酒質を大きく動かしてゆく原動力となったのもまことに無理のないことである。

ところで、酒にかぎらず、一般に嗜好品や食品の良否の判定ほどむつかしいものはない。それは、ものさしなどで簡単に計ることのできない、官能的な要素が主要な部分を占めてくるからである。その上、審査という以上は、何をおいても先ず広い大衆の嗜好によってバックアップされなければならないが、少数の審査員ではこれはなかなかむつかしい仕事である。また酒のような場合には、そのほかに、いわゆる通人などといわれる、嗜好の上での特別の指導的階層の意見というものも無視するわけにはいかず、また製造技術や経費についての専門家の判断をも加味する必要があるかもしれないのである。

神様の役目

このようないろいろの面から、酒を完全に審査することは、実際は神様でもなければ不可能なことである。その神様の役目をする品評会の審査員は、実際にはどんな人々が当ったかといえば、近頃は大蔵省の酒造技術者が主体であるが、戦前は酒造業者と販売業者のうちの酒唎きのヴェテランで組織される程度であった。消費大衆の嗜好を代表する面が、これでは全く無視されているといううらみもなくはないが、実際にはその代表者を選び出すことが困難であることや、また古い明治の官尊民卑時代に考えられた選定法であったせいでもあろう。江戸時代によく見られる「酒番附」などは、どうしてつくられたものか、そしてそれには、消費層の意向がどの程度に反映されていたか、大切なことながら、いずれの時代でもこれはむつかしい問題である。

次に大切なのは審査の方法であるが、これは専ら、第一話でのべたような唎酒(ききしゅ)のやり方による。一〇人なり一五人なりの審査員が、めいめいの唎酒の結果をもちより、その点数を平均して決めるのである。品評会のはじめの頃は、酒は実際には「おかん」をして飲むものだからというので、最後の決審に残されたもののみは、お燗をつけてくらべることをやったようであるが、この良法(?)も第五回以後はやめられてしまった。化学分析ももちろん加味されるが、これは判定の参考にされる程度である。

酒質の移り変り

さて、このへんで品評会の発足以来およそ二〇年くらいの間に、この品評会で上位を占めた酒が、成分の上でどのような移り変りを見せているか、酒質の上の天下の大勢を、次表でごらんいただくこととしたい。

日本醸造協会品評会で上位を占めた清酒の平均組成(秋山補)

	エキス	清酒メーター	アルコール(容量)	コハク酸	酸度
第1回(明40)	2.99	(+)10.32	17.06	0.16	2.71
第5回(大4)	3.81	(+)10.32	17.48	0.15	2.54
第8回(大10)	4.34	(+) 2.89	17.40	0.17	2.88
第11回(昭3)	4.62	(+) 1.44	15.90	0.14	2.37
第12回(昭5)	5.35	(−) 1.44	16.46	0.13	2.20
第14回(昭9)	7.12	(−) 8.48	16.09	0.13	2.20
第16回(昭13)	7.75	(−)10.53	16.79	0.13	2.20
昭38(醸造試)	5.15	(+) 4.0	18.0	0.086	1.47
平5(〃)	4.83	(+) 5.0	17.5	0.083	1.4

清酒メーター

これは、各年の品評会で、上位五〇ないし一五〇を占めた酒の平均値である。この表で清酒メーター(日本酒度ともいう)というのは、ボーメ比重計の度数を一〇倍したものであって、これを使い出した人がたまたま水より軽い液体を測る方の比重計に合せたために、度数が高いほど辛口ということになった。従って、清酒メーターの「零」あたりを境として、プラスに傾くほどだんだん辛口、その逆にマイナスの数が大きくなるほど甘口ということになる。またエキスというのは酒の中の全固形分のことで、従って濃い酒はこれが多いことになる。またそのうちの主な成分は糖分であるから、この量が多いほど甘口と思ってもさしつかえない。

戦争は酒を甘くする

表でもわかるように、酒は年とともに、大きなテンポで甘口に傾き、しかも、大正四年(一九一五)と一〇年との間と、昭和五年(一九三〇)と一三年との間あたりにとくに急激な上昇点があるのは注目に値する。前者は第一次大戦、後者は第二次世界大戦の発端に当る時期であるとすれば、戦争は概して酒を甘くする作用があるのかもしれない。

辛口から甘口への道は、品評会の審査が、よく消費大衆の嗜好を代表することのできたひとつの好例といえる。それにしても甘口偏重の風潮のみを伸ばして、辛口の存在を軽視し、酒質の単一化におちいることをかえりみなかったのは残念である。この場合に、もし甘口酒、辛口酒というふうに、はじめから別ワクに分けて、審査を行えば、その結果はこれとは別の傾向をたどったかもしれないのである。

船頭多くして

しかしそれどころではなく、まだほかに今から考えると全く滑稽なことが相ついでおこったのである。それは、わるくいえば、審査の方向が或る種の醸造技術の粋を追うことにのみ熱中した結果、知らず知らずの間に、酒質を消費大衆の嗜好とは全くかけはなれた方向に引きずってゆくような結果になったことである。それにしても品評会の方針として、大衆の嗜好の後を追うのが正道であるか、または大衆の嗜好を指導するまでを心がけるべきであるかは、人によって意見の分れるところでもあろう。

それはともかくとして、このような傾向の結果として現われたことは、酒造家は品評会用には特別の酒を造り、一般市販用の酒はそれとは別に大衆の嗜好を察して造るというような、変態的状態におちいり、酒の販売側の人たちはまた、品評会の標準とは全くはなれて、大衆の好む酒、よく売れる酒は何かという標準を各自が別に考えなければならないというおかしな結果を生み出したのである。代々の審査員のうちにも心ある人は、「売れる酒」、「経済的に引き合う酒」に審査の標準をおくべきであることを強調したこともあるが、大勢はなかなか動かし難いものがあったようである。

品評会用の酒

それらの極端な例としては、第一話に述べたような吟醸酒（ぎんじょうしゅ）がある。これは「吟醸香」という一種の香気をもった酒で、その原因は当時はわからなかったが、とにかくその香りさえつけば品評会での優等まちがいなしということになったので、品評会用の酒はこれを出すためには手段を選ばないということになった。原料の米を極度に精白すると出やすいといえば、ふつうの飯米の精白は玄米一〇〇に対して八分の搗き減りで、従来の酒造用米は二割くらいの減りの精白であるところを、四割五割はおろか、はては七割というように、米の大部分を磨り去（こす）って粟粒のようにした米まで使うというようになった。また酒粕がたくさん出ないような醸造法では吟醸香はお

苦辛の吟醸酒

ぼつかないということになると、ふつうならば原料米一石(一八〇リットル)から八貫目(三〇キログラム)くらいの酒粕が出るところを、二〇貫(七五キログラム)から三〇貫(一一二・五キログラム)もの粕が出るような極端な醸造法がはやり出し、まるで酒が酒粕の副産物のようになり、これでは採算もなにもあったものではないということになった。

炭団屋の開業　また酒の色のなるべくうすいのが当選するということになると、せっかく香味濃厚な酒に脱色用の活性炭素をたくさん加えて脱色することがはやって来た。ふつうならば酒一石当り一〇匁(三七・五グラム)か一五匁(五六グラム)でもその目的が達せられるはずなのを、一貫匁(三・七五キログラム)はおろか、ついには酒一石当り何十貫も使うものも出てきて、一石の酒からわずか三斗(五四リットル)の、しかも水よりもうすい酒を造り出し、酒屋でなく炭団(たどん)屋開業というような悪口までいわれる始末になったのである。さすがの審査側もこれには閉口して、使いだしたのが第一話で述べたような「めくら猪口(ぢょく)」である。

酒の新派　品評会は上述のように、極端に走った結果、実際をはなれて、いたずらに酒造りの高級技術を競う場と化した観があるが、その反面、全国の酒造技術者に酒の技術を磨かせ、素質を高めた大きな功績は見逃すわけにはゆかない。酒質にしても、極端を奨励したうらみはあるけれども、酒の色のうすい点、香気の高い点、味の濃くかつ甘い点などその後の酒質の特徴を指導し生み出して来た力もまた大きい。話はちがうが、筆者がかつてパリに滞在した時、ふつうの家庭の応接間などの額を見て、よくふしぎにたえなかったことがある。それはフォーヴィスムやアプストレーや、アンフォルメルまではやっているという画の先端の都パリでも、ふつうの家庭にかかっているのは印象派すらも稀で、多くは一八世紀の古いまたは甘い画のみであったことであって、品評会の酒質も酒の新派を示すものと考えれば、時代の先端として多少の先走りはゆるされるかもしれないのである。

品評会は上に述べたようないろいろな功罪を残して、わが国がようやく戦時体制に入ろうとする昭和一三年(一九三八)を最後として、その花々しい幕を閉じることになった。戦後昭和二七年(一九五二)に全国清酒鑑評会という形で復活されたけれども、その審査の方針も幅広く緩和され、全出品酒を大きく三つの階級に鑑別する程度に止まり、戦後、学校の卒業成績と同様、順位は公表されないことになって、全く昔日の権威を失ったと同時に、功罪ともに縁の遠いなごやかな行事と化したのである。

思いがけぬお土産

品評会が酒造界にあたえた影響には、もう一つ、全く思いがけない重大なお土産がつくことになった。それは何かといえば、それまでは江戸時代以来の本場、灘・伏見の酒の名声に圧せられて、世に知られなかった地方の酒が続々と掘り出されたことである。これらの地方の業者は、明治以来醸造試験所や大蔵省の技術者の指導をうけて、次第に腕をあげて来たが、ここに品評会という晴れの舞台を与えられたために、発奮してさらに技を磨いた結果、地方にも良酒誕生のチャンスが到来したのである。品評会の結果は即座に広告に利用されて地方酒の名声をあげるのに大いに役立つことにもなった。もちろん、これらの酒造家も、先に述べたように品評会通りの製品では、生産費も高く、世間にも通らないことは十分承知の上で、市販用には全く別の酒を造るという妙な実情で、陰に品評会に対する不信任を表しながらも、それに通るほどの酒を造る手腕のある酒造家である以上、よい市販酒の製出も容易であったのである。

新たな名醸地

品評会の初期(明治四〇〔一九〇七〕年頃)には、上位の優等酒のほとんど全部は灘と伏見の占めるところであって、地方の酒としては広島、それに次いでは秋田がようやく顔を出す程度にすぎなかった。第四回(大正二〔一九一三〕年)頃になると、全優等酒のうち、京都(伏見)、兵庫(灘)、秋田、岡山、愛媛が、各々一点に対して、広島は三点、また三等賞までの上位優良酒の全出品酒に占める割合も、灘・伏見の六〇パーセントに対して、広島は八〇、岡山は七〇ということになった。このような形勢の下に、第六回(大正八〔一九一九〕年)には、灘地方の全酒造家の品評会出品拒否のさ

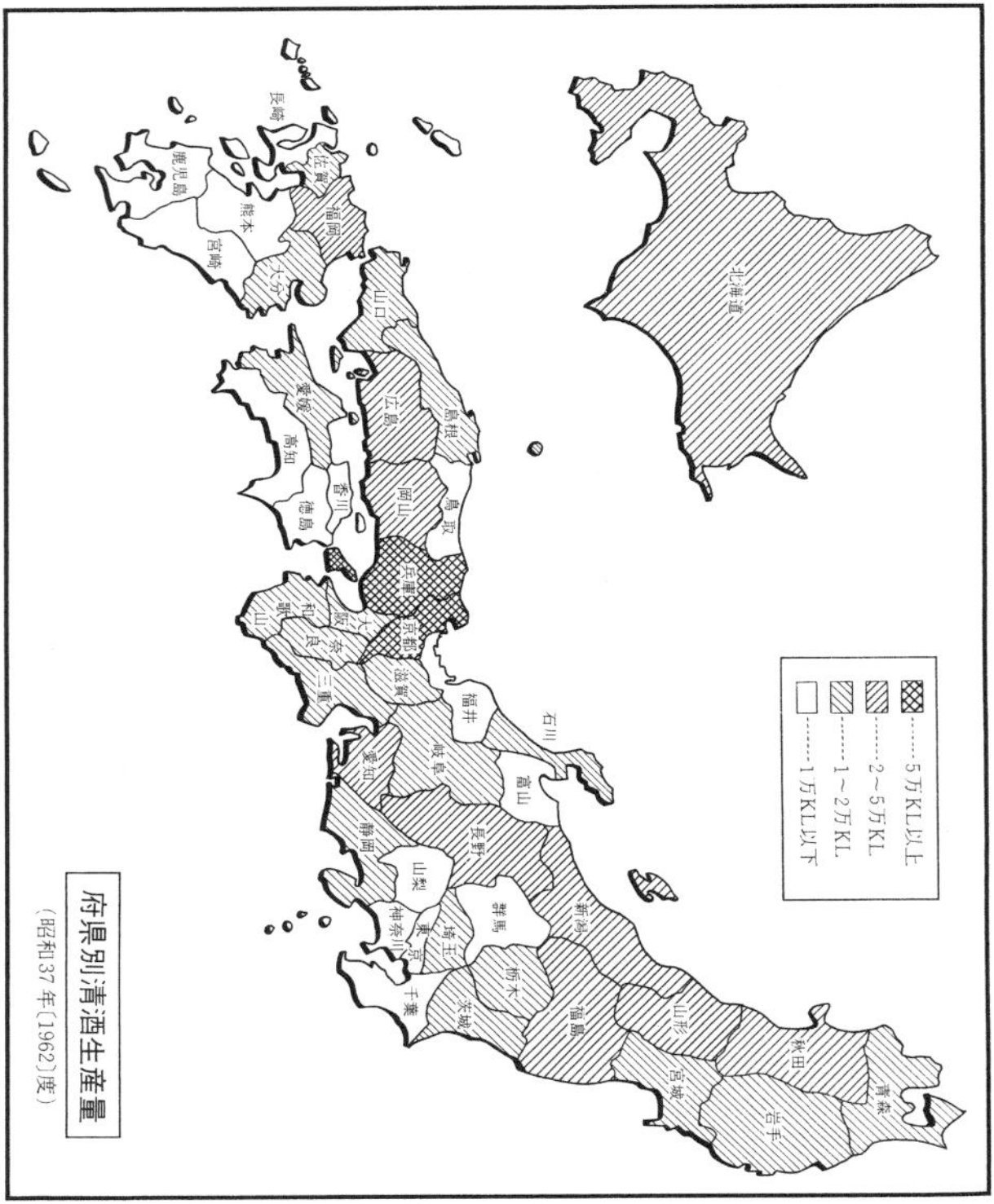
府県別清酒生産量
(昭和37年[1962]度)
……5万KL以上
……2～5万KL
……1～2万KL
……1万KL以下
北海道
青森
秋田
岩手
山形
宮城
福島
新潟
栃木
群馬
茨城
千葉
埼玉
東京
神奈川
山梨
長野
静岡
富山
石川
岐阜
愛知
福井
滋賀
三重
京都
奈良
大阪
和歌山
兵庫
鳥取
岡山
島根
広島
山口
香川
徳島
高知
愛媛
大分
宮崎
熊本
福岡
佐賀
鹿児島
長崎

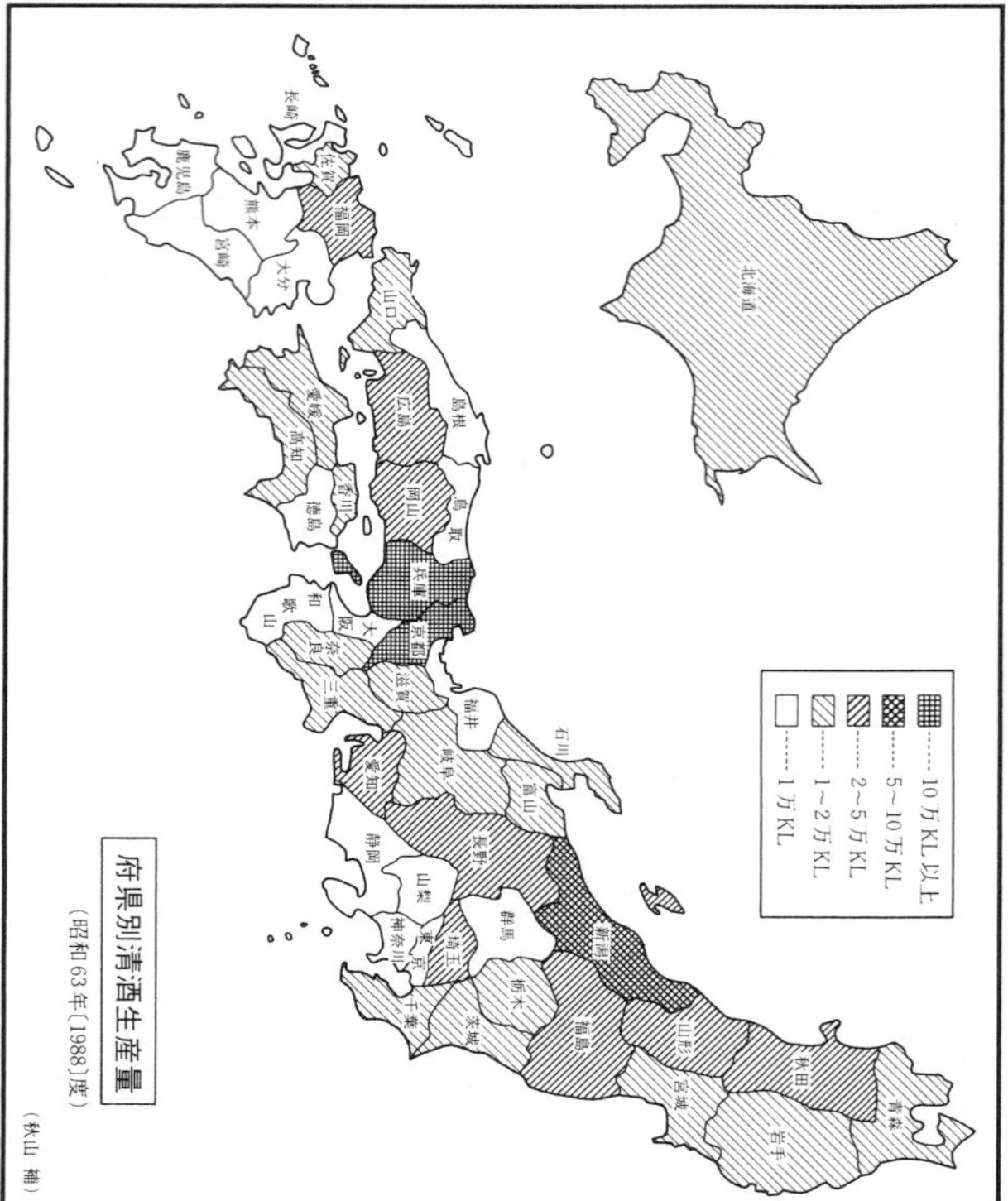

府県別清酒生産量

（昭和63年〔1988〕度）

（秋山 補）

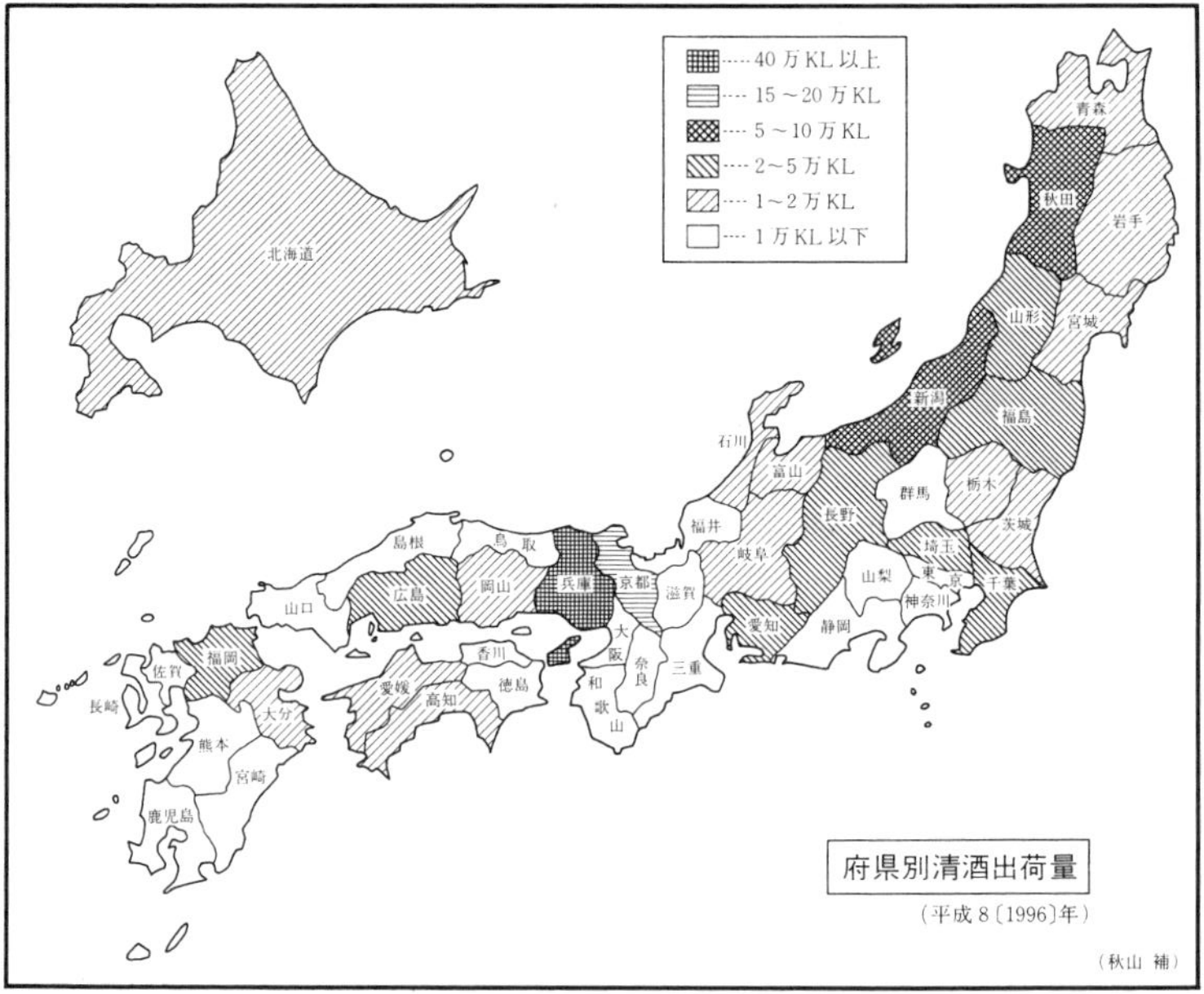

府県別清酒出荷量

（平成 8〔1996〕年）

（秋山 補）

わぎがおこり、大正八年には、灘だけの灘酒鑑定会が別に発足したのである。その後品評会の方は、最高の名誉賞には、第一〇回(大正一四〔一九二五〕年)までは京都、広島、秋田の顔が見えたが、一一回(昭和三〔一九二八〕年)にはさらに島根、長野、熊本、福岡、一二回(昭和五〔一九三〇〕年)には愛知、山口、一三回(昭和七〔一九三二〕年)には佐賀、一四回(昭和九〔一九三四〕年)には新潟、宮城、鳥取、山形、一五回(昭和一一〔一九三六〕年)には岩手、福島、群馬、青森などの新顔が続々と出現して、全国至るところ名醸地ならざるはなしという盛況を呈するに至ったのである。

飲める酒と理想の酒

灘地方の酒造家が品評会から脱退したきっかけは、酒の色が濃いという理由で、多数の灘の酒が上位を得られなかったことにはじまったという話である。しかし、売れる酒、飲める酒と理想(?)の酒との間の見解についての、くいちがいもおそらく有力なうらの原因であったのであろう。

統制のはじまり

品評会に次いで、現在の酒質を造り出してきた大きな原因は、酒に対する官僚統制である。昭和一二年(一九三七)シナ事変、同一六年(一九四一)太平洋戦争と次第に苛酷な戦時体制を余儀なくされた下では、主食をつぶす清酒がそのまま放置されるはずはない。

シナ事変がはじまるとともに、全国酒造家をメンバーとする全国酒造組合中央会は、それまで酒に使われていた三〇〇〇万石の米のうちから一〇〇〇万石を供出するために、酒米の精白の程度の制限をすることを自粛決議したのがきっかけとなって、後には酒造業の大企業整備が行われ、従来の八〇〇〇の業者は四〇〇〇軒に統合され、酒の年産も平年の約半分の二四〇〇万石におさえられることになった。このように酒の量が少なくなった当然の結果として市中に現れたのがいわゆる〝金魚酒〟である。

〝金魚酒〟の出現

昔は酒に水を割って売ることは、少しも法にふれない行為であって、酒質をよく判別して「玉（たま）をきかす」ことは小売酒屋の金もうけの大切な手であった。従って酒屋では、「割りのきく」酒がよろこばれ、またその逆に消費者側としては、その災厄をまぬかれるため、酒の濃度にはおそろしく敏感にならざるを得なかったのである。おそらく世界中で、酒は濃くさえあれば、すなわち良酒、というような妙な偏見におちいっているのは、日本国民だけではあるまいか。そしてその迷信は、今に至るまで大衆を支配し、「これは濃い酒だ」というのが、すなわち酒の最大の讃辞として、誰も怪しまないという奇妙な風習がぬけがたいことになった。酒の供給が消費に追いつかぬことになれば、先ず第一に現れるのが、この古くからの「くせ」である。最近アルコール度数の低い日本酒を造ってもよいことに税法を手加減するようになったが、あまり市場にうけないのも、このような長年の習性のせいかもしれない。とはいうものの、濃味に対する要求がこのように頑固なのは、一方において日本酒の淡白な風味に基づく本質的な問題とも見ることができよう。

酒は女性 水は男性

もっとも、古代のギリシャ人やローマ人の間でも葡萄酒に水を割ることはよく行われたらしく、むしろ衛生上奨励すべきこととされていた。もっと古いことをいえば、中近東地方のキリスト教以前の古代宗教では、酒に水を割って飲むことが儀式の中心をなす原始宗教もあったといわれている。この場合、葡萄酒は豊穣を意味するから女性であって、水は男性をシンボライズしたものというのが、或るイギリスの女性考古学者の説である。

政府のお仕着せ

やたらにうすい、水割りの「金魚酒」が横行するということになれば、その当然の結果として、成分の限度を法律できめて、これを取りしまらなければ、ということになる。日本の酒はここに至って、有史以来はじめてアルコール濃度一六および一五パーセントという制服を着せられることになって、自由な特徴も、メーカーによるヴァラエティーも全く政府のお役人の手で殺されてしまうことになったのである。すなわち、昭和一四年(一九三九)、政府は成分による酒の規格を制定し、それについで昭和一五年(一九四〇)から一八年(一九四三)にかけて、特級、上等、中等、並等、その次には一級、二級、三級などと、細かい階級に分け、万一これに違反するような場合は、総動員法違反の重罪を科せられることになった。そして昭和一八年、戦時体制の強化とともに、酒もついに配給制度の下に入ることになった。「一人一日の飲酒の適量は如何」などという珍問題が、多くの学識経験者をあつめて、さかんに論議されたのもその頃のことである。また、清酒にアルコールと水とを加えて増量する「アル添酒」が現れたのも、アルコール濃度を規格の第一に重んずることになった当然の帰結である。

アル添酒

酒の配給制度は、敗戦後昭和二四年(一九四九)で終止符をうたれることになったが、酒に一定の規格を設けて、審査を行い、特級、一級、二級などの級別の下に公定価格を厳守することは、その後も長くのこされた。昔はきいたこともないような、特級とか一級とか「おかみ」のレッテルをはった酒が幅をきかせているのを、全く当りまえのことと、少しもふしぎに思われないなどは、昔の人の夢にも知らなかったことである。

青天井価格

公価撤廃の第一声は、青天井(あおてんじょう)価格などといわれて、特級酒のうちでも特別自信のある酒に対しては価格の制限を設けないという決定によってあげられた。この措置によって、戦後はじめて日本酒の酒質向上の門戸が打開され、業者は良酒生産の意欲を新たにし、消費層はここに日本酒に対する信頼を再びとりもどす転機となったことは見のがすわけにはゆかない。

これに引き続いて、特級と一級の公価が廃止され、現在では公価と同じような力をもつ「基準価格」によって政府の制約をうけているのは二級酒だけとなったが、これもおそらく近い将来には、はずされる運命にある。二級酒の基準価格を最後まで残したことは、低所得層へのサービスと、物価の抑制とを目ざしたことと思われるが、実は問題なのはその二級酒という名称である。読者諸君は、一級の審査に落第したものがすなわち二級酒と単純に考えておられると思う。もちろんそのような酒も二級酒である。しかしそれとは別に、一級酒の審査を自発的にうけない酒が、全部二級酒ということにされていることを御存じの人は少ないかもしれない。これは地方の酒造家で、一級酒以上の酒をつくっても、一級酒としては価格が高いために買い手がないというような場合に、わざと審査をうけずに出すような場合である。それゆえ二級酒のうちには、特級一級に該当する酒もありうるわけであって、このような酒には二級酒という名称はまことに気の毒である。むしろ「自由酒」とか「奉仕酒」とかすべきであろう。

大衆の酒、二級酒

最近の調査によれば、全特級酒生産量の約九〇パーセント、また一級酒の八十数パーセントが灘・伏見によって占められているから、地方でできた酒の大部分は二級酒として出されているわけである。このように真の大衆酒である酒が二級酒というような名の下に簡単に片づけられていてよいものかどうか、いずれは解決されることと思われるが、不合理な話である。

合成清酒と三増酒

戦時の物資欠乏による統制時代に、大きな功績をあげたのは「合成清酒」の研究である。敗戦直後の悲惨な世情の中で、いわゆるカストリの密造と戦いながら、とにかく不足ながらも酒の供給を続けることができたのは、前記のアル添酒のほかに、合成酒の研究によって得られた技術を清酒に加味して、いわゆる「三倍増醸酒」とか「三増酒」とか呼ばれるものが大蔵省の醸造試験所によって発明されたおかげである。そして、それはまた、合成酒の研究に長い年月をささげてきた理化学研究所の研究グループのおかげでもあったのである。清酒に合成酒を混和して販売することは税法違反とされているが、このような三増酒の形で合成酒の主要な成分であるアルコール、飴、葡萄糖、コハク酸、乳酸、グルタミン酸ソーダ、ミネラルなどの実質的混和が、公然と行われ、今もなお全国のかなり多くの清酒がこの方法によって造られているということもまた、戦時統制時代の大きな置土産の一つである。このような造り方が果して将来の清酒にとってプラスとなるかマイナスとなるかは、ひとによって意見がわかれるところである。

三増酒の味

近頃、灘の某酒造家から筆者に二本の酒を送ってきて鑑定をもとめられた。拝見すると、そのうちの一本の方はまさしく純無垢の米の酒であり、他は三増法を加味したものであることは筆者といえども直ちにわかった。しかしながら酒の風味の点になると、前者はうまくてこってりとしてはいるが何となく後口が重く感ぜられるのに比べて、後者は多少の調和を欠くが飲み口のさっぱりとした点に特徴が感ぜられたので、その旨を回答した。

スコットランドのウィスキーも、純アルコールを混和しはじめた一八六〇年代には、原始的製法を守るために、「ウィスキーとは何ぞや」事件が、法廷にまでもちこまれるさわぎが演ぜられたが、今ではアルコールを混ぜることが当り前で、たまたま原酒に近いものなどは、慣れない大衆にはかえってよろこばれないようになった。これとそれとは多少事情も異なるが、今やわが日本の酒も似たような結果にならないとはいえないような形勢でもある。

真の日本酒

もっとも筆者の見た灘の酒は、たまたまその年の新酒であったが、もしこれを一定の貯蔵を経て熟成させれば、米だけの酒もさばけのよい軽い風味となることは申すまでもない。そのようになれば、おそらくこれこそ真の日本の酒の姿であることは、昔も今もまちがいのないところであろう。しかし、速成に口当りのよいものを出すには、三増法も全く捨てたものではない。これが果して日本酒の堕落であるかどうか、三増法も将来を通じて許さるべきであるかどうかの判決は、今のところすべて大衆の消費者諸君にまかせられているといわねばなるまい。

現代酒の四つの型

要するに現在われらが飲んでいる酒は、上に述べてきたようないくつかの影響をうけてできたものである。

品評会や統制などいろいろな災難があって、それが何時の時代まで酒の上にその明暗の影を投ずるかわからないが、少なくとも現段階では、製法の上から酒を分けると、次の四種類がある。その第一は昔ながらの米ばかりの酒、第二はこれにアルコールを加えた酒、第三はこれに合成酒の主成分を加えた酒、第四は今はほとんど存在しないが、米を使わない純合成の酒、の四種類である。そして前の三種類の酒は、そのうちの合成清酒をのぞいて、清酒と名のつくものは、互いに混和がゆるされているから、それらの混りものが、現在、特級、一級、二級などの形の清酒として市場に出されている酒である。

問題の第三型

問題なのは、第三型の製法の、米の酒と合成酒成分との混和でできている酒であろう。これには、三増酒と、合成清酒(新清酒)とが属する。合成清酒は、はじめは全く米を使わずに造られていたが、近年は少量の米(五パーセント)

で香味液と称する一種の清酒を造って加えている。従って、清酒の三増酒と合成酒とは、税法の上からは別種の酒として、厳重に区別されているが、実質上は、単に米の酒の割合が異なり、前者が後者に比べて、三ないし四倍くらい多いというにすぎないものと見てさしつかえないのである。次に問題なのは、出発当時の理想に基づく純合成酒、すなわち前述の第四型の酒は現在では全く存在しないということである。

理研酒は日本酒にあらず

これは現在の合成清酒の技術の段階が、まだ米を使わなければ、酒に近いものが達成できないというのではなくて、むしろ他に真の原因があるようである。鈴木梅太郎博士による理研合成酒の発足当時に、理研から出された出版物の巻頭には「理研酒は日本酒にあらず、日本酒に似て、より衛生的なる現代的〝天の美禄〟なり」と強調されている。いかにも、科学時代の人類の新しい飲みものという意気ごみが、端的にいいあらわされていてほほえましく感ぜられるとともに、合成清酒の現状をかえりみて、往年の意気いずくにありやと、まことにもの足りない感がするのである。

日本の酒はどこへ行くか

さて以上で、今の酒がどうしてこのような形になっているかというお話を終えることにして、最後にはそれでは将来の日本酒は、はたしてどんな方向をたどるであろうかという問題に入る順序となるが、これは大いに難問である。西洋の葡萄酒やビールの、ごく最近の傾向を見ると、工場の機械化や大量生産規模を背景とした酒質の均一化、悪くいえばユニホーム化、それに貯蔵という一番金のかかる仕事をなるべく短くして、しかも酒に貯蔵効果、つまり何のさわりもなくするすると飲めるという調和した風味を与えるような工夫、この二筋の線の上を大きく歩みつつあるといえるであろう。

それではその結果はどんな酒質に落ちつくかといえば、一見十分に調熟したような効果をそなえて、さわりなくは飲めるが、本もののような深味は要求されない。というよりはむしろ、本もののよさがおいおい忘れられがちとなる。大量生産されて値段は安くなるが、品質は、大多数の消費大衆の嗜好の線に沿ってますます均一化してゆく。アンドレ・モロワのいいぐさをまねるわけではないが、「酒びんは、依然さまざまに異なるラベルをつけてはいるが、なかの酒の組成は次第に似てきつつある」ということになってゆくことが、酒の通人にはお気の毒ながら、将来の酒の傾向のうちで、比較的確実にいえることであろう。

残したい酒質

日本の酒も、産業界の近代化の荒波を十分にかぶりつつあるところへ、労働基準法の適用による労働時間の制限やこれに伴う酒造操作の簡易化、さらに四季醸造や三増酒など製造方法の革命、販売制度の大変革など、西洋以上の大転換期を迎えているので、酒質の傾向も西洋のそれの線をもっと強く進むのではないかと思われる。しかし主流はそれとしても、そのほかには、伝統的な線をたどる、いわゆる凝った酒、名物の酒も少しは存在を続けてもらわないと、本もののお手本が永久になくなることになる。といっても、それではそれはどんな形をとってゆくであろうか。酒質の極端な甘口か辛口かでか、または貯蔵の長い、ことに低温貯蔵の古酒の形をとるか、あるいはまた、冷やおろしとかどぶろくとかの、ビールにすれば生ビールのような形で残ってゆくか、とにかく先の大衆型に対する他の形として、量的には少なくても存在をつづけてゆくようにしたいものである。

米だけの酒を適度に貯蔵したものが古来の美酒ではあるが、これには最近酒質の鑑賞とは全く別の観点から公正取引委員会の強い圧力が現れた。そして酒造組合側からはその要請に応えて次のような案が出ている。すなわち、米だけの酒を「純米酒」、約二〇パーセント増程度までのアル添酒を「本醸造酒」それに三増酒(前記)である。そのほかにも吟醸酒(搗き減り四〇パーセント以上の精白米で造ったもの)、手造り酒(古来の小規模設備で造ったもの)、秘蔵酒(五年以上貯蔵の古酒)、原酒(搾ったままで、加水してアルコール度を下げないもの)など、また生一本、樽酒など珍奇な表示が用意されているという。

酒に従って法を

これは先に筆者が指摘した現代日本酒を生み出した三大原因のほかの第四番目の新たなる圧力として将来われらの酒質の上に強い影響を与える恐れがある。そこで最後にお願いしたいのは、あくまでも「酒に従って法をつくる」ことであって、万一「法にしたがって酒を造らせよう」というようなことにでもなれば、それは酒を殺すことであり、日本の酒を破滅に導く道にもなりかねないということである。

日本の焼酎

最後に「日本の酒」というこの本の建て前からは、焼酎についても一言触れておく必要がある。ブランデーが葡萄酒などの果実酒を蒸溜したもの、

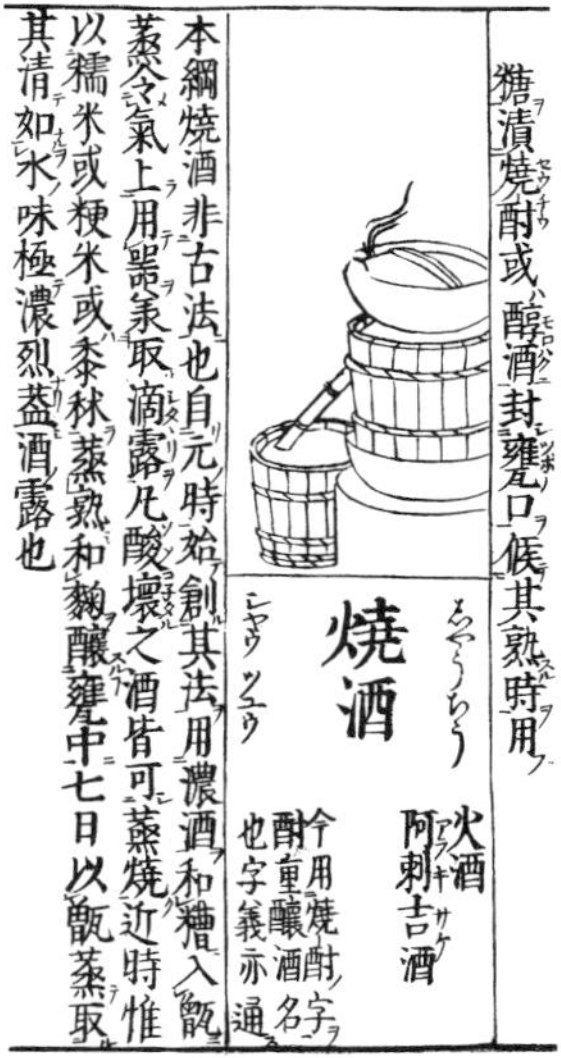
糖漬焼酎或醇酒封甕口候其熟時用
焼酒　せうちう
火酒　阿剌吉酒
今用焼酎字酎重醸酒名也字義亦通
本綱焼酒非古法也自元時始創其法用濃酒和糟入甑蒸令気上用器承取滴露凡酸壊之酒皆可蒸焼近時惟以糯米或粳米或黍秫蒸熟和麹醸甕中七日以甑蒸取其清如水味極濃烈蓋酒露也

焼酎をとる古法．酒粕を甑(右上の桶)に入れ，下の鍋から蒸気を出す．上の鍋には冷水を入れ，その鍋底に凝縮した焼酎の滴を集めて竹筒で樽に導く(『和漢三才図会』)

ウィスキーがビールを蒸溜したものであるのと同じく、日本の酒やその醪(もろみ)を蒸溜したものが焼酎であるから、もちろんこれも「日本の酒」のうちである。酒粕に残っている酒を蒸溜した「粕取り」も同じような意味で清酒のブランデーであり、ウィスキーであって、もともと貴重な酒である。

ところが明治末年(一九一二)に西洋から芋類や雑穀や砂糖製造の廃糖蜜などを醗酵して、これを大規模な蒸溜機(これをパテント・スチルという)にかけて、無臭の純アルコールを製造する方法が導入されると、わが在来の焼酎のメーカーは早速この方法を採用して、旭川や熊本をはじめとして全国各地に新式のアルコール工場が建てられ、そこでできた安価の無臭アルコールを昔からの「粕取り」焼酎に混ぜて販売するようになった。混ぜる割合もだんだん増えて来て、大正の末年(一九二六)頃には、在来の焼酎はほとんど味つけ程度の三—五パーセントにすぎず、その後はさらに極端になって、在来の焼酎を全く加えないアルコールの純溶液になってしまったのが、現在の甲類焼酎である。消費大衆もすなおによく慣らされたものである。これに似た酒を世界の酒のうちに求めれば、ソ連のウオッカがほとんどこれと同じものということができる。全く同一の純アルコールの液でありながら、ウオッカといえばありがたい世界の名酒であるのに、焼酎と呼べば宴席で註文するのさえ何となく肩身がせまいというようなことは、一体どのような考え方から生まれてくるものであろうか。

日本と同じ頃にスコッチウィスキーの本場にもこのアルコールの新式製造法が導入され、これを在来のウィスキーに混和することが横行しかかったことがある。この時に示されたウィスキー業者やイギリスの消費大衆のこれに対する抵抗には、いろんな面白い話が残されている。もちろん現在のスコッチウィスキーには多量のパテント・スチル(新式製法のアルコール)が混和されているが、それが現在の程度で止まっていることは、日本の焼酎の場合に比べて国民性の大きな相違がよくわかるような気がする。

乙類焼酎

乙類焼酎(大切な酒をこのような官僚式名前で呼ぶことは残念であるが)の方は、小規模なポットスチル式蒸溜機で造る日本古来の焼酎で、酒製造の副産物としての粕取りなどのほかに、鹿児島、宮崎、熊本、沖縄の諸県や八丈島などには昔から米のほか黍(きび)、稗(ひえ)、粟などの雑穀や甘藷(かんしょ)などを原料とした焼酎があり、壱岐には麦の焼酎、奄美大島には黒砂糖の焼酎がある。後の二者などはさしずめ日本のウィスキーでありラムであるといってもよく、またそれらの南方諸国は日本のスコットランドともいえよう。近頃乙類焼酎の人気が急にあがって来たといわれるのは、当然とはいえ日本の酒の新生面として喜ばしいことである。日本の焼酎は世界の蒸溜酒のうちで、貯蔵による熟成味に全く無関心な点で珍しい酒といってもよいが、筆者は近頃、六年間貯蔵されたという

「乙類」焼酎を試みてみたところ、新中国が近頃自慢している茅台酒(マオタイ)や、沖縄の泡盛にも劣らない芳醇な名酒の風格があるのにおどろいた。日本焼酎の将来の道としては、「乙類」はこのような方向の製法をますます伸ばしてゆき、「甲類」の方は、米人のいわゆる「ホワイト・リカー」として、ウオッカにも劣らぬ品質を確保して、広く世界に需要の道を開くべきではなかろうか。日本の新式アルコール製造法、すなわち甲類焼酎の製造法が世界の他の国に向って誇るに足るものであることは、第六話「カビの力」をお読み願えれば明らかである。

第三話　酒　屋

生産から消費まで

昔の酒庫（手前）と今の酒庫（向う）

酒屋という言葉

「酒屋」という名は古代では酒を造る家屋を意味したが、中世以来は酒を造る「造り酒屋」も酒屋、その酒屋から酒を買って売る「請け酒屋」も酒屋、またそこから酒を買って客に飲ませる「居酒屋渡世」や、「お茶屋」「料理屋」のたぐいも、たとえ表面に酒という字が出なくても、これはやはり「酒屋」とされている。今では大蔵省の免許の関係で、酒屋も、「酒造業」と「卸売業」と「小売業」というように、わりにはっきり区別がついているようであるが、それでも蔵元の「直売(じかうり)」もあれば、小売屋の店頭で飲ませる「コップ売」などまであって、兼業の関係はややこしい。ここでは、このようないろいろな「酒屋」や、それにつれての消費の生態にまでおよんで述べてみたい。

酒屋の元祖

酒屋の元祖は、どうもお寺のようである。奈良朝の頃に、お寺の坊さんが酒を造って、民間に売っていた形跡があるからである。嵯峨天皇の弘仁年間に、大和・薬師寺の僧景戒が著わした『日本霊異記』に「寺の息利の酒を償わず、死して牛となり、役して(つまり使ってもらって)債を償う」という記述がある。それは、聖武天皇の世、紀伊・薬王寺という寺でおこった話で、牛になったという男は、桜村の物(もの)の

天野山金剛寺の古図．聖武天皇の頃に創建された古い寺で今もなおこの図の通りの偉容を誇っている．南朝の行在所となったこともある．この寺で何時代から酒造が始まったかわからないが，織豊時代に最盛を極めたことはいろんな古文書から明らかである

部麿（べのまろ）といい、この男は寺から生前に二斗〔三六・八リットル〕の酒を借りたが、その代を払わずに死んでしまった。そのためにその頃の言い伝え通りに死後牛になってしまったが、牛になってからその寺へ行って「寺の産業」に使われて、負債を払ったという話である。その寺は「酒を造って利を息す」というくらいだから、酒屋のはじまりはお寺からということになる。

その後、平安朝から室町時代あたりでも、寺院や神社が、案外大酒屋の役割を演じていた（僧坊酒）。奈良・興福寺の末寺

天野山金剛寺の庫裡に残る酒がめ．この寺の酒造が盛んであった頃用いられたものという

である大和・中川寺や菩提山寺、また近江・百済寺、女人高野山(にょにんこうやさん)で有名な河内・天野山金剛寺(あまのさんこんごうじ)などの酒が、当時の有名人や権力者の間でもてはやされていたことが、いろいろな日記類や消息のうちにたくさん見えることから判断できる。神社では、京都・北野神社のように、「麴座」をかまえて、洛中洛外の酒造に使う麴の製造、販売を独占していた例がある。

金剛寺は、今でも大阪府の長野(ながの)町の郊外に、昔ながらの姿で残っている。真言宗の本山の一つで、金剛寺には昔、酒を仕込んだ古い備前焼の大かめや、その寺の酒を讃めた沢山の古文書が残されている。中でも豊臣秀吉がおくった書状は有名である。

土倉酒屋

民間の造り酒屋が、鎌倉のような都市に集中していたことは、建長四年(一二五二)の幕府の禁酒さわぎの記録によってもよくわかる。また室町時代、京だけで酒屋が三四二軒もあったことが知られている。この酒屋は「土倉酒屋」といわれて、多くは土倉、すなわち金融業者の経営であった。また奈良にも古くから多くの酒屋があった。江戸時代に入って、元禄一一年(一六九八)に全国の酒屋の数が二万七三二六軒あったというが、おそらく本場の池田、伊丹、大坂、灘目などの専業化した酒屋のほかの多くは、地主、すなわち米の大生産者の兼業の形であったと思われる。もっとも土倉も、近江の坂本や、そのほか各地から、京へ米を運び込む「馬借」と関係した、米

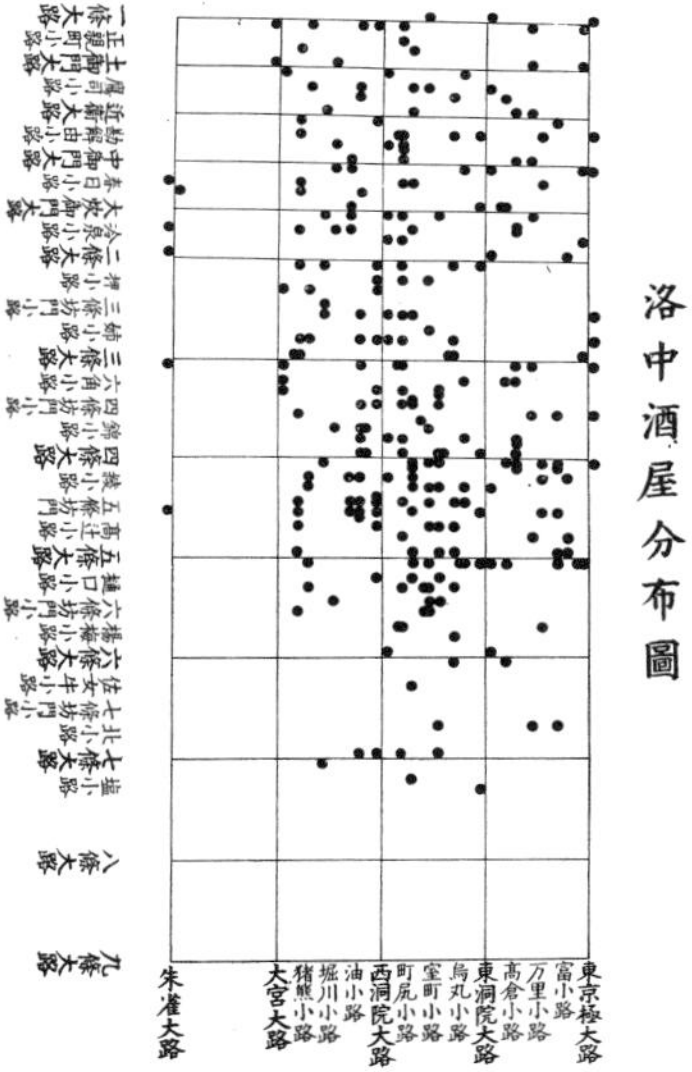

室町時代(応永 32-34 年〔1425-27〕)の京の酒屋の分布(小野晃嗣『日本産業発達史研究』による)

の取引業者が多かったといわれている。明治に入っても、酒屋は税の関係で政府のきびしい監督の下にあったから、この古い業態はよく温存されて現在につづいた。

そこで現在の清酒製造業者の実態をながめて見ることにしよう。明治以来、全国八〇〇〇の業者といわれたものが、昭和一五年(一九四〇)の戦時企業整備の結果、その半分の約四〇〇〇に減って現在に至っている。

権利と化した造石高

現在の酒造家が、めいめい許可されている年間の造石高は、昭和一三年(一九三八)の統制時代に酒造原料米の割当てが決まったのが大体の目安となり、戦後、昭和二九年(一九五四)に、その従来の実績に基づいて、業者の間の自主的な統制によってきまったものである。そしてそれは今では、一種の権利石数となって、容易にうごかし難いものになっている。そしてこのような酒を造る権利は、たとえば一石数万円というような価格で、酒造家の間で売買されているという話もきかれるのである。

おみき酒屋

それらの製造規模は、次表の通りに全国の酒造家の約六割までが、わずかに年間約一五〇KL以下、すなわち約八〇〇石までしか造っておらず、表には出ていないが、二〇〇〇KLすなわち一万石以上も造るいわゆる大酒造家に至っては、全数の〇・三パーセント、実数にして一二軒にすぎない。しかもその大部分は、灘と伏見の両地方に限られているのである。

現在の酒造業がどんなに小規模な企業体の集りであるかは次表でも明らかである。たとえば比較的大きな業者の多い灘地方の全産額を集めてみても、全国の酒造高の一割くらいであるから、大企業といってもその大きさは知れたものである。そのほかの地方の大部分の酒屋さんは皆、四〇〇KL以下の「おみき酒屋」などと悪口にいわれる小業者というのが実態である。それ故、仮りに灘地方の全酒造家が、イギリスのウィスキー・ト

清酒製造業者の年間製造石数による分布(昭和36年〔1961〕)

	業者数	製造高
KL 50以下	30 (1.0)	KL 1,254 (0.2)
50〜80	380 (12.3)	26,508 (3.8)
80〜100	512 (16.6)	45,981 (6.5)
100〜150	807 (26.2)	98,341 (13.9)
150〜200	464 (15.1)	79,927 (11.4)
200〜300	429 (13.9)	104,442 (14.8)
300〜500	257 (8.3)	98,636 (14.0)
500〜700	78 (2.5)	46,023 (6.5)
700〜1000	54 (1.8)	44,913 (6.4)
1000以上	72 (2.3)	156,684 (22.3)
計	3,083 (100)	702,709 (100)

(平成8年〔1996〕：秋山補)

KL 100以下	769 (39.8)	千KL 32 (3.0)
100〜200	439 (22.7)	64 (6.0)
200〜300	209 (10.8)	52 (4.9)
300〜500	183 (9.5)	74 (7.0)
500〜1000	159 (8.2)	110 (10.5)
1000〜2000	95 (4.9)	134 (12.7)
2000〜5000	52 (2.7)	163 (15.5)
5000以上	26 (1.3)	422 (40.1)
計	1,932 (100)	1,052 (100)

(　)内は全数に対する％

ラストのDCL(ディスチラース・コムパニー)のようにまとまった企業体になったとしても、その規模は大きなビール会社の一〇分の一にも当らない。これでは近代産業としての体制を整えることはなかなかむつかしい。

産業革命以前

このように、日本酒の醸造は、小規模のものが大多数でまだ手工業の域を脱しない部分が多く、家内工業的性格が強いので、わが国の多くの産業のうちでも、産業革命以前の状態にとり残された珍しい工業の一つであるといってもよい。それだけにこの商売では、他の産業の常識を、そのまま当てはめるわけにはいかない面が少なくない。

そこで、このような酒造家の大部分を占める小企業の生態はどうか、実例の一つとして、筆者の友人、山梨県塩山(えんざん)市の風間敬一君のお家のありさまを、同君のお許しをえて雑誌『酒』の記事を引いて御紹介して見たい。

風間酒造店

「風間家が酒屋をはじめたのは二〇〇年前、今の風間氏は五代目に当る。それ以前は地主であり、名主であった。祖父の代には造石高も一千石であったが、昭和初年の経済恐慌で、田畑を売りとばし、辛うじて酒庫だけを守りとおした」、「ことし仕込みにつぶした原料米が五三〇俵、醸造石数は約五〇〇石。つくった酒は全部二級酒。一級や特級をつくって見てもまるきり売れない。販売の方法は直売、つまり直接に小売店へ配達して問屋の手を通さない。昨年の決算で約二〇万円の利益をあげることができた。昨年の販売石数が約五〇〇石。一滴の桶売り(三〇石の貯蔵桶に入れたままを大メーカーに原料酒として売り渡すこと)もしないで売り切った。その売上げがザッと一〇〇〇万円、利益率は二パーセントになる。五〇〇石メーカーとしてはよい方だ」、「ビン詰は月二回でたりる。二〇石(一つの調合タンク中の酒の量)を詰めるのに一日かかる。ビン洗い、レッテル貼りに二日を要するから、一回のビン詰作業は三日ですむ。近所のおばさんで、たのめばいつでもきてくれる人が二人いる。日給は三五〇円。風間酒造店のマークは、甲陽旭菊。自家用の小型トラックで出荷する。運転手はうちから定時制高校に通い、おじいさんも、おやじさんも、うちの番頭で三代目。杜氏は新潟県柿崎からやって来る。彼の父も四〇年間つとめあげてなくなった。蔵人の平均給与は二万円を越す。正真正銘の従業員は、支配人(一切の家業をまかせている)と運転手の二人だけ。あとは奥さんと母堂と一男一女と、臨時のおばさんの労働でまかなってゆく。奥さんももはや名流婦人ではない。労働の一要員として、ビンを洗ったり、レッテルをはったり、隣近所むきの小売もやっていれば、冷しビール一本からお客に売って、アイソ笑いの一つも浮かべなければなるまい。仕込み期間中は、蔵人のまかないも引きうける」、「原料米、アルコールなどの仕入れには、五〇〇万円ほど必要だ。その金の借入れは市中銀行。」

大体以上の通りである。風間君は大学出の醸造の専門家で、山梨県立醸造研究所長として多くの業績をあげている人である。

農閑期工業

現代の酒屋さんを、産業革命以前だと悪口をいったが、なかなか捨てがたい長所もある。多くの酒屋さんは、酒庫も道具も、父祖代々、稀には江戸時代の昔に、すっかり償却ずみであるうえ、従業員は農閑期の出稼ぎだから、酒造りに必要のない夏や春秋の賃金がかからないなど、有利な点が少なくないからだ。生産規模があまりに小さいのは不利だが、五〇〇―七〇〇KL(三〇〇〇―四〇〇〇石)が、いろんな点で一番経済性が高いといわれている。酒造業も、近年通産省の中小企業近代化促進法の指定業種のうちに入れられてからは、めいめい造石高の権利をもちよって、一つの工場に集約する共同醸造、あるいは醸造工程の一部分、たとえば精米、製麴などを共同にするようなこと、あるいは、出来上った酒をもちよってビン詰を共同にし、同じレッテルをはって出すなど、企業の系列化や合同の方向に進む傾向が強くなってきた。

桶売り

また「桶売り」と称して、出来上った酒を、貯蔵の大桶のままで、銘柄のよく通った大業者に、ブレンド用原酒として売り渡してしまうことも、近来なかなかさかんである。この場合には、スコットランドの山間にあるウィスキー工場と同じように、全くの原料酒工場と化することである。せっかく苦心してそだてあげた愛する酒を、日の目も見せずに原料に使われることは、酒屋さんにすれば不本意なことでもあろうが、ブレンドの妙を発揮するという点では、酒造技術の一進歩とも見られよう。ただ本場の名醸と思って飲んでいた酒が、案外山間僻地の地酒であったというような場合がないとも限らない。

四季醸造

西洋でビール製造業が、古い手造りの方法から、大規模な近代企業に成長したのは、リンデの冷凍機の発明によるといわれている。日本の酒でも、酒庫を冷凍して年中冬の温度に保ち、四季を通じて酒を造ろうという企ては、大正の末(一九二六)頃から、弘前や呉などで試みられていたが、昭和になってから、台湾の専売局酒工場や、ハワイの酒造家などでみごとに実現された。しかしこの時代のものは、在来の醸造法のままで年に四、五回繰り返す程度であったが、終戦(一九四五)後、酒造工程にいろいろな機械化が行われるようになって、四季醸造の利点が一段と浮び出てきたので、最近では、灘・伏見をはじめ、各地に、全く新しい形式の工場が生まれた。

戦後にできた灘の某工場では、六階建て工場の最上階から白米を入れると、ベルトにのった流れ作業とステンレス・スチール製装置の連続で、洗米、水切り、米蒸し、冷却、製麴、醱酵となって、出来上った新酒が一階の貯蔵タンクにおさまる仕掛けになっている。一日二〇〇石(三・六KL)近い酒が一年を通じてできるから、年間三〇〇日操業するとすれば六万石（一万八〇〇KL）となり、この一つの工場だけで酒屋としては全国でも十指のうちに数えられる規模となった。しかも建物は在来の三分の一、従業員は午前六時から午後三時まで完全八時間労働であり、しかも全工程をうごかすのに在来の三分の一くらいの人数ですむということだ。この工場の様子は第五話の図でごらん願いたい。

酒造りの二筋道

だが、従来の古い方法にも、いろいろな利点があり、また古くからの取引上の強い習慣に引かれて近代化された四季醸造も、まだ無条件に伸びるというわけにはゆかないようである。わが酒造界は、今のところ、在来の出稼ぎによる寒造りの方法と、四季造りの工場組織との二筋道にのぞんで、有史以来の大きな転換期に立っているようにみえる。

奇妙なことに日本では、フランスでいえばボルドーとかブルゴーニュの銘柄にあたるといわれている灘・伏見あたりの酒造りが、冷蔵や機械化や大規模化を実行しているものが多いのに、実際は昔ながらの人手の限りをつくして造られている地方の多くの酒の方が、かえって尊ばれず、しかもこの方が大衆酒とされている。その間の関係は、全くフランスとは逆である。

地酒とどぶろく

消費者のひとりとして考えるのだが、日本いたるところに有能な地酒屋さんがあって、その土地の「さかな」や環境などにしっくりとけ合った特徴のあ

新時代の酒庫の偉容．伏見の或る酒造工場で機械化酒造装置を備えた冷凍設備のある四季醸造の蔵．年間約３万石の能力という

る地酒が造り出されるようになれば、日本の国はどれほど楽しくなるか。またそのような酒屋で、冬の醸造の時季に、まだ湧きたての、何となく甘酸っぱい中にもアルコールの辛味をきかしたあたたかい「どぶろく」を出してくれるようにでもなれば、なおさらのことである。

「どぶろく」は、たしか昭和のはじめまで税法にも規定されていたと記憶するし、明治末年(一九一二)には、全国でまだ二万石(三六〇〇KL)近くの濁酒が消費されていた。それが今日全く飲めないのは、まことに惜しい気がする。葡萄酒では、ポルトガルのヴィニオ・ヴェルデ、またはウィーンの森のホイリゲ、ライン地方のアウスシェンクなど、りんご酒では、ノルマンジーで

京都西陣の古い酒屋の杉の酒ばやし．今は丸くボールのようにたばねた酒ばやしを三輪神社で出している

シードルの季節にできる「りんごのどぶろく」などはこれに近い楽しみであり、ビールでさえヨーロッパの国々には、冬だけしか出てこない、いろいろな珍しいシーズン・ビーヤとか、シェンク・ビーヤとかの数々のたのしみがあるではないか。日本でも、年中酒をつくった江戸時代には、新酒が出来ると、酒屋の軒先に青い杉の葉をたばねて下げていた。人々はそれを見ると、方々から聞きつたえて、先を争って買いに行くのである。先年ウィーンの森のホイリゲを、新酒の出る頃にたずねたところ、軒先の棒の先に松の枝をぶらさげてあるのを見て、東西遠くはなれて、似たような習慣があるのにおどろいた。

酒を売る

酒を造る酒屋の話はこのくらいにして、次は造り酒屋から酒を買って、それを売る酒屋に移ることにしたい。この種の酒屋も、大昔からあったであろうが、はっきりと文献にあらわれてくるのは中世である。三〇〇軒もあった京の酒屋が、応仁の大乱によって一掃された後、地方の「田舎酒」が京に入りこむことになり、その際にこれを取扱った「請け酒屋」が、おそらくはじめであろう。「請け酒屋」の後には、そのうちでも大量の酒を取扱う「問丸（といまる）」（後の問屋）だの、問丸と造り酒屋との間の仲立ちをしたり、問丸と消費者の間とをとりもつ後の「小売酒屋」のような役割をはたす「仲買（すあい）」などの区別も、おいおい現われたことと思われる。

酒問屋のはじまり

問屋組織がしっかりと発達したのは、天正一八年（一五九〇）に徳川家康が江戸入りをし、つづいて寛永一二年（一六三五）、参覲交代の制度がしかれるなど、全国最大の消費地としての江戸の体制が出来上り、国中の物資が江戸に向って動くようになってからである。その頃江戸でどのくらいの酒が消費されていたかといえば、江戸時代の中期以前には、年間の消費が五〇万―八〇万樽（四斗樽）、江戸の最盛期の文化、文政には最高一八〇万樽といわれる。その後も、年の豊凶によって多少の差があるとしても、幕末まで一〇〇万樽内外の消費をつづけてきたようである。当時江戸の人口を約一〇〇万と見ると、江戸人は男女、老幼を問わず、一人年に一樽、すなわち一日約一合の酒を飲んでいた計算になる。現在の日本では、ビールが年に約一〇〇〇万石（一八〇万KL）、清酒その他を合わせて二〇〇〇万石（三六〇万KL）近くに達するが、

江戸新川の酒問屋．下(くだ)りの酒が舟から河岸の庫へ運ばれ，向いの店で取引きされる．昭和の初め頃まで残されていた(『江戸名所図会』天保4年〔1833〕刊)

一人当りの年間消費量になおすと二斗(三六リットル)にも足りず、昔の江戸人の約半量にすぎない。

下りと地廻り

江戸で消費された酒は、「下(くだ)り」といわれる大坂方面からのものが約七―九割を占め、「地廻(じまわ)り」、つまり美濃、尾張や三河のような東海道筋からくる「中国酒」や、江戸周辺からの酒を合せたものが、残りの一―三割にすぎなかった。大坂からの酒の輸送は、大坂の酒屋、鴻池屋によって始められた文禄、慶長の頃は、馬の背にのせて長い東海道を下ったが、その後、酒ばかりではなく、いろんな物資が、菱垣廻船で大坂から送られるようになってからは、酒も船によって江戸に運ばれるようになった。そして江戸の中期に、酒の輸送のみを扱う「樽廻船」が独立した。その頃になると、本場の醸造地も、伊丹や池田のような海に遠いところから、輸送に便利な灘目や大坂の方へ、おいおいに移ってきたのである。

江戸の「酒問屋仲間」は、このような廻船に対応して、新川、茅場町などの地を中心に出来上った。酒問屋の多くは、そのままの形で明治以後まで残され、現在に至っている。大坂では、古くから酒屋自身が問屋の役目をはたしていたので、江戸のように専業の問屋はついに出現しなかったようである。従って、現在の酒問屋とか卸売制度は、江戸の「下り酒問屋」に端を発して、全国的制度になったものである。

現在の取引

現在、酒の流通機構は、酒造業者から卸売業者へ、さらにそれを受けて消費層に直結する小売業者への二段階になっている。現在卸売業者の数は全国に一四〇〇、小売業者は約一二万軒あって、いずれも大蔵省の免許がなければ開業できない。販売の免許制度といい、酒造家の権利石数といい、両者相まって、日本の酒は現在では一種の専売に近い体制の下におかれている。このような制度は、税金を取り立てるには至極好都合であろうが、一方では、酒の円滑な普及や流通をさまたげることも大きいので、その緩和ないしは一部の廃止の気運も動いているようである。

酒の銘柄

酒の販売で一番微妙なのは、酒の銘柄、すなわち商標の問題であろう。ほかの商品でも同様だが、酒ではことに銘柄にたより、また銘柄に対する信仰が根強いことは、何といっても取引の上での大きな問題である。江戸時代以来の「下り」と「地廻り」の区別は、よほど深く国民の頭にしみこんでいると見えて、今でも名の通った銘柄は、断然灘や伏見に多いのは周知の通りである。

ところが、取引の上でこのように根強い力をもつ銘柄も、実際には案外無視され勝ちである。このことを示す面白い例がある。それは、少し古くなるが昭和二九年(一九五四)に内閣審議室が、全国六〇〇〇人の成年男女にアンケートしてまとめた、酒に関する大がかりな調査によると、「お宅で酒を買う時には、〇〇正宗をくれというふうに、こちらから酒の名前をいって買うことが多いですか」という問いに対して、「指定して買うことが多い」人が、わずかに三〇パーセントにすぎず、「指定しない」とはっきりいった人の数が、四五パーセントと出ている。大衆の案外きびしい鑑賞能力から見ると、あるいはこれは今の酒に対する正直な意見を示すものかもしれない、といえばこれは悪口になるであろうか。今では、酒はみんなレッテルをはったビン詰になっているから、大衆はマークを見て買うことになるが、仮りに昔の日本の酒屋やイギリスのビール屋のように、樽からの「計り売り」であれば、大衆にとっての、銘柄の影響力も大分変ることにもなろう。

サケ・リストの無い日本

筆者は数年前に、アメリカ大使館員ピーカン氏と、日本の酒の銘柄について、某誌上で応酬したことがある。この人は、日本に来てまだ一年くらいだったが、よほどの酒好きと見えて、日本酒の多くの銘柄を飲みわけることのできるのを誇りとした。そして、たとえばてんぷらには何々、さしみには何々正宗というふうに、一つひとつマッチした銘柄をあげ、これほどにいろいろの差のある酒の銘柄がなぜ日本人にはわからないのかを笑って、「たいていの日本人は酒といえばどれもこれも同じように考えている」。そして、料理にはおどろくほどデリケートなヴァラエティーがあるにもかかわらず、「こと飲物に関しては、ただ一言サケといってすましている」。ちょっとしたレストランのマネージャーでも、自分のところのサケの銘柄などには全く無頓着で、「一級酒と特級酒がございます」と平気でいう。酒は「銘柄によって、おどろくほど味のちがいがあるわけだが」(?)、どこの料理屋のメニューにも、「酒の銘柄のリストをこの国では見たことがない」(御承知のように、西洋の一流料亭では、ワイン・リストをもった酒だけの給仕人がいる)。これこそ繊細を誇る日本人の趣味

菰包みに印した酒の商標．江戸中期には，池田・伊丹の酒が幅をきかせたことがわかる（『日本山海名産図会』）

の上での、一大盲点であるときめつけられたことがある。有名酒のマスコミを通じての宣伝によって、地方の酒は手も足も出ず、いたずらに「桶売り」のみが盛んになってゆくと嘆かれる時勢にもかかわらず、このような大衆の実態はまことにふしぎにたえない。

酒銘のはじまり

いったい酒に銘をつけることは、いつの時代にはじまったか。小野晃嗣教授によると、中世の文明年間に、洛中の有名な「大柳（おおやなぎ）酒屋」が、その酒に「六星紋」をつけたのが、一番古いという話である。古くから名醸で知られた酒には、奈良酒は申すまでもなく、河内の天野酒、越州・豊原酒、加州・宮越の菊酒、博多のねりぬき酒、伊豆の大川酒（または江川酒）、備後の吉備酒、豊後の麻地酒（あさじさけ）（朝生酒）、そのほか地名によるものが多いが、これらは酒銘とはいえない。江戸時代になると、池田、伊丹、灘目、京などにたくさんの有名な銘柄が続出したことは、江戸文学を覗けば至るところに見出されるし、また第二話の酒番附などで明らかである。

ところが、江戸の初期を風靡した池田の満願寺屋でも、中期以後にはかげをひそめ、つづいて酒番附に大関や三役を誇った伊丹、池田の数々の銘柄も、当時はまだ幕下に辛うじて名を出しかけた灘目の銘柄が、大衆にクローズアップする頃になると、斜陽を通り越して、名も知れぬ銘柄におちぶれはてるのである。明治以後にも、たとえば初年頃に栄えていた灘の銘柄のうち、現在はたしていくつ残されているであろうか。どんな銘柄でも、実質の裏書なしでは、決して長い繁栄を保つことはできない。このことは、歴史がよく教えてくれている。

酒の消費量のうつりかわり

次には日本酒の消費の問題に入ることにしたい。先ず、最近の日本の清酒以外の酒類をも含めての消費量は、次頁の表の通りである。このうちで、果実酒は主に生葡萄酒で、甘味果実酒はいわゆるポートワイン。スピリッツはジンとかウオッカとかの類。リキュールは申すまでもなくペパーミントとかキューラソーとか、いろんなリキュールの類。発泡酒というのは炭酸ガスを吹きこんだシャンパンやその他のビール類似の酒のことで、いずれも税法上の名前である。

酒類製成数量の推移

（単位：千 KL）

年度	清酒	合成清酒	焼酎（25%換算）	味醂	ビール	果実酒類	ウィスキー類	スピリッツ類	リキュール類	雑酒	計
昭和12	789	17	102	17	230			19			1,175
15	477	59	92	13	272			27			938
20	151	22	33	3	98			14			321
25	188	70	188	5	255			20			724
30	467	103	280	12	442			55			1,358
35	685	113	265	12	1,162			105			2,342
40	1,089	58	210	18	2,006	42	69	2	11	0	3,505
45	1,257	32	218	33	3,037	37	144	9	25	0	4,793
50	1,350	18	205	40	3,897	28	248	11	22	1	5,819
52	1,299	17	244	54	4,297	38	298	5	23	0	6,274
55	1,193	18	264	65	4,559	46	364	10	25	1	6,545
56	1,194	18	282	59	4,542	43	356	11	25	2	6,532
57	1,191	18	333	61	4,839	59	392	9	27	3	6,932
58	1,185	18	432	67	5,053	59	412	16	41	3	7,286
59	1,006	18	625	79	4,598	45	282	54	94	11	6,812
60	928	18	670	79	4,852	51	273	29	76	7	6,983
61	1,061	18	583	83	5,075	45	271	22	66	2	7,226
62	1,132	18	586	82	5,492	53	268	16	70	3	7,720
63	1,110	18	658	115	5,857	61	308	45	72	2	8,246
平成元	1,119	20	456	117	6,287	55	209	45	99	2	8,409
2	1,060	19	578	113	6,564	58	202	42	112	3	8,751
3	1,058	19	474	128	6,916	57	186	39	115	13	9,005
4	1,037	28	582	110	7,011	50	173	36	138	4	9,169
5	1,026	36	638	91	6,964	51	171	32	129	3	9,141
6	963	39	647	95	7,101	52	168	33	216	32	9,346
7	980	43	674	94	6,797	65	134	24	223	211	9,245

（国税庁平成 9 年〔1997〕「酒のしおり」：秋山補）

戦前清酒が一番多く造られたのは大正中期(一九二〇頃)であって、その量は約五〇〇万石〔九〇万KL〕を少し出るくらいであった。戦中は別として、戦後は次第に回復して近頃は七、八〇〇万石の線まで進出したが、そこで足踏み状態である。それに反してビールの戦後の伸びは著しく、昭和二八年(一九五三)前後に清酒を追い越して今日ではその倍量に達している。ウィスキーの増勢は、最近の五年間に五〇パーセントを越えてなお衰えを見せない。またワインは最近になってブームなどといわれ、うなぎ登りの観があるが、その絶対量は他の酒類に比して極めて低い。すべての酒類についていえることは、その消費内容が二級から一級、一級から特級へと次第に高級化して行くことであろう。わが人口の増加やGNPに見合うと、国内での清酒の消費の伸びは高いとはいえない。あの苦いビールでさえ、その始めは海外へ出かけたヨーロッパの人たちが、その出先の国々へめいめいの故郷のビールを持ち込んだために、現在のような世界的普及を見るに至ったことを考えると、海外へ出る日本人たるものは行く先々のホテルで清酒を遠慮なく注文してもらいたいものである。

一番好きな酒

もっとも、昭和二九年(一九五四)内閣の調査でも、「一番好きな酒」という問いに対して、清酒と答えた人が全飲酒人の七〇パーセント、その後昭和三六年(一九六一)、日本酒造組合中央会の調査でも五六パーセントとなっているところを見ると、日本酒に対する国民の執着は案外根強いことがわかろう。それが、清酒の高アルコール含量か、あるいは価格か、あるいはまた飲み方の習慣かにわざわいされて、量的には伸びなやみの状態にあると見るのが至当であるかもしれない。先の内閣の調査で、「好きな酒と年齢との関係」では、四〇歳代以上では清酒八〇パーセントであるのに、三〇歳代は七〇、二〇歳代では六〇パーセントに下がっている点などは十分注意を要するところであろう。今の二〇歳代の人々も、年をとるにしたがって日本酒党になってゆくかどうか。これからの時勢では断言することはなかなかむつかしかろう。

筆者が東京のあるバーで、日本酒を注文したところ、「そのようなものはありません」という。これにはおどろかされて、「世界中のどこの国へ行っても、その国の酒場でその国のお酒の飲めないところがありますか」と、大笑いをしたことがある。それ以後は、日本酒を飲ませてもらえるバーも、だんだんふえてきたということだが、あたりまえの話である。日本人が近代生活と思っていることがらのうちには、西洋人が夢にも考えない「近代生活」がある。それは生活の洋風化ということである。昔ながらの洋館に住み、洋食を食べている彼らには、洋風化などという生活の「近代化」は思っても見ないことであろう。清酒の消費も、そこまで考え込む必要があるかどうかは別問題とは思われるが……。

昭和三八年(一九六三)から三九年にかけて、日本酒造組合中央会が全国六〇〇〇人の成年男女について行った調査の結果も、清酒に対するその後の消費の傾向は上に述べたところと大きな差が現れていない。ただ酒の嗜好の調査で、甘口が好きというものが全体の四〇パーセントに対して辛口の方が一九パーセント、また「おかん」をした方がよいという人五五パーセントに対して「冷や」がよいという人が一一パーセントになっていることなどは、消費層の一断面として興味が深い。

飲酒の適量

ふつうの人が清酒を飲む場合に、一体どのくらいの量を飲んでいるであろうかという問題は、清酒の消費を考える場合の参考になるばかりではなく、戦時中に、「飲酒は如何なる量を以て適量とするや」というような政府の珍問と、悪戦苦闘した筆者にとっても興味の深い問題である。そこで前述の内閣の調査結果をまた引き合いに出させてもらうことにする。「清酒をお飲みになる時、ふつう一回のちょうどよい量は何合くらいですか」という質問に対して、五勺までが一〇パーセント、一合までが二二パーセント、二合までが断然主力で三五パーセント、三合までの人がなお一七パーセントを保つが、それ以上の猛者になるとぐっと落ちて五―四パーセント、五合以上に至ってはわずか一パーセントとなっている。当然のことながら、女性の適量は、男性のそれにくらべるとずっと低い方に傾いていて、一合以下のところに八〇パーセント近くとなっている。年齢から見ると、三―四合級は中年に多く、若い人には二合までが多いのも、むちゃ飲みを含めた「実量」は別として、適量ということであるから当然である。

酔い加減

ものの本によると、アルコールによる人類のめいていの度合は、その血液中に含まれる濃度によるといわれている。たとえば、アルコールの血中濃度が〇・〇五―〇・一パーセントくらいになるとふつうの人は酔いを感じて、何となく気分がよくなり、いわゆるほろ酔いの状態になる。さらに〇・一―〇・二パーセントになると、興奮状態になり感情を露骨に表すようになって態度が乱れてくる。全く正体を失うに至るのは〇・三ないし〇・五パーセントという話である。専門家の計算によれば、清酒の一ないし二合というところが、前記の酒の効用のよい面を表す血中濃度を保つ程度であるというから、この面から飲酒の適量を判定するのが最も科学的のようでもある。もっとも長時間にわたって飲むような場合には、体内でのアルコールの消費とのバランスで、適量はさらに上昇することは申すまでもあるまい。また酒のアルコールのうち、一〇―二〇パーセントまでは胃から吸収され、残りは小腸で吸収されるというから、酒が胃にとどまらずに、速やかに小腸に直通するような場合のめいていの度は、より激しいことになるかもしれないのである。

酒の税金

政府が酒の製造や取引に制限を加えるのは税源を確保する目的であるという。昭和五一年(一九七六)度国庫税収一六兆六六〇〇億円のうち、酒税は一兆七〇〇億円を占め、法人税、所得税についでの大きな税源となっている。わが国の酒に、税金のようなものを課するようになったのは、はじめ朝廷の酒造司や、大きな寺社で造られていた酒が、次第に民間に移り、「酒屋」が発生した平安朝から鎌倉期にかけて、中原氏やそのほか昔酒造司の役をつとめたような公家が、酒屋の保護や、酒造の許可の代償として、「酒屋公事」「酒役」「酒麴役」などの名の下に酒の現物、税金または特別の労役を課することになったのがはじまりである。公家のほかにも、幕府や特定の寺社などが、それに似たような権力を行使したであろうことは、後世の「座」とか、「仲間」とかの制度からも察することができる。江戸時代には元禄一〇年(一六九七)、五割の「酒屋運上」の制度がはじまって以来、「十分の一役米」とか、「冥加金(みょうがきん)」とか、「酒造稼ぎ」とか、名前や取り方はいろいろに変ったが、課税の目的には変りがなかった。

昔から、わが国で酒の醸造を規制または制限したことにはいろいろな理由があったようであるが、少なくとも次の二つがその主なものであったと思われる。その第一は、酒を飲むことは、道徳上から見てよろしくないという立場であり、奈良朝の飲酒制限令や、鎌倉時代の造酒、市酒の停止というような、造酒および沽酒(こしゅ)(酒を売ること)制限令は、これに属する。そして、前者は主に宗教上から、後者は武家の規律の上から出て来たもので、ことに後の場合は、『吾妻鏡』に出ているように、建長四年(一二五二)の鎌倉市中の処置では、市中の酒壺三万七〇〇〇個を破却するというような大さわぎであった。武家の禁酒的思想は、後の足利幕府の政策にも多分の影響をのこしているようである。

酒株

第二には経済上の理由であって、米の欠乏による酒造規制の好例は、徳川幕府の酒株(酒造の権利)創始の場合に見られる。明暦三年(一六五七)の江戸大火により諸国の米価が暴騰したので、幕府は全国の酒造家の酒造りを一時的に停止し、それと同時に新たに特定の酒造家に、米使用石高を明記した酒株を交付して酒屋の酒造高を限定した。その後幕末に至る間に年の豊凶、米価の高下に応じて、半減、あるいは二分の一、または三分の一造り、あるいはその逆に勝手造りというふうに、何回となく緩急の令を下している。しかしながらこれらの場合にも、その反面税を取ることが酒屋株制度をつくった主な目的であったことは申すまでもない。

上戸の奉仕

明治政府になってからは、酒の税の関係は酒造免許の税と、造石高(メーカーの製造高)に対する税と、酒の販売に対する税との三本立てとなった。それ故明治の初年には普通の家でも一定の免許料を払えば自家用酒を造ることができたのである。この制度は明治三二年(一八九九)自家用酒が全面的に禁じられるまで続けられた。この自家用酒の習慣が、その禁止後、密造ドブロクに転化するものを多くしたともいわれている。この間酒の税率は明治一一年(一八七八)の石当り一円から、明治二八年(一八九五)には七円、三八年(一九〇五)には一七円と戦争のたびごとに飛躍的に上昇し、昭和初期の四〇円を経て現在の約六万―一万数千円に至っているのである。酒類のうちでも清酒は高率の方であり、われわれが飲む酒の代金のうち、一級は三五パーセント、二級酒でさえ一五パーセントが税金であるというに至っては、上戸の奉仕ぶりの偉大なことを思わずにはいられない。

第四話　民族の酒

日本の酒の歴史

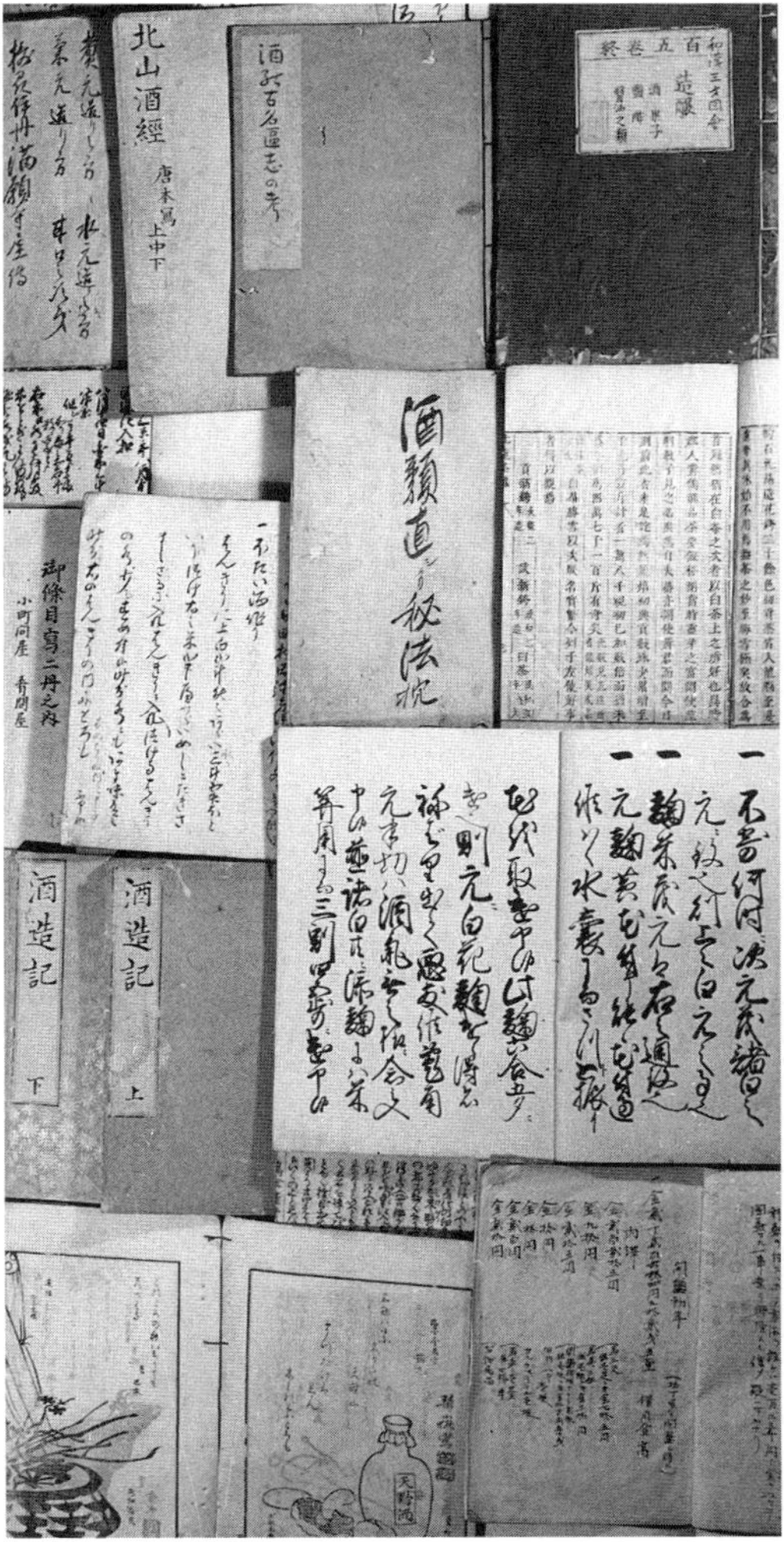

酒の古い文献

ここでは、われらの祖先がどのようにしてその愛する酒をはぐくみそだてて来たかをたずねてみようと思う。そしてそのためには、昔からの酒に関する文献を、読者諸君とともにたどって、その真相にふれるという方法によることとしたい。

学を貴び芸をいやしむ

ところがこの場合、一番困ることは、昔から酒のことを書いた文献は実におびただしい数にのぼっているが、そのすべてといってよいくらいが、文学や政治に関係したもののみで、いわば「酒を飲む」ことばかりである。一体「どんな酒であったか」とか、または「どんな方法で造られていたか」などを記した文献を見つけ出すことは、きわめて困難なことである。これは、昔の君子や知識人が、一般に学を貴び芸を低く見る思想から手先仕事あるいは技術のことを意味もなくいやしんだことや、酒の如きは飲食物の一種であることから、「君子は庖厨（ほうちゅう）を遠ざける」というシナ思想にわざわいされたためかもしれない。またとかく科学に弱いことは、昔も今に変らぬ知識人の通弊であったせいでもあろう。

『斉民要術』

しかし中国には、『斉民要術』とか『北山酒経』とか、酒の造り方を実に詳しく記載した、一〇〇〇年または六〇〇—七〇〇年前の文献が残っている。『古事記』や『日本書紀』によると、わが国の酒造技術は、五世紀初頭と推定される応神・仁徳朝に、百済を経て中国から伝えられたように書いてある。『斉民要術』には、それとあまり遠からぬ時代の中国の酒造技術が記されているのであるから、もしも酒造技術が記紀の通り中国から伝わったものとすれば、『斉民要術』式のシナ酒が、いつの間にどんなふうにして、現在のような日本独自の酒に変じてしまったのか、ふしぎである。『北山酒経』は南宋時代の書物である。ちょうどわが鎌倉から室町時代にあたっており、彼我の往来が最もさかんであった時代である。中国の酒造法が『北山酒経』には詳しく書いてあるのだから、それを日本人が読んで、昔教えられた酒造法の焼直しくらいはしそうなものであるが、そんな気配の文献はあまり見当らない。

そのほか中国の酒造技術を書いたものに『酒譜』とか『天工開物』などの書物があるが、これらの場合にしても、部分的な技術は別として、それがわが国の酒造技術の大筋に影響したというようには考えられない。

外国の影響

わが国の学問、芸術、技術が、古くは朝鮮、中国、近くは欧米からの移植によって発達してきたことは申すまでもないが、それ以前から存在したわが日本民族固有の文化や技術が、どの程度まで基盤になることができたか、または外来文化をとり入れたにしても、これにどの程度までわが民族の独創力が作用したか、酒に限っていえば、わが固有の技術が古くからあって、これに加えて、われらの祖先が外来技術を巧みに取りいれて改良した程度であると見るのが今のところ妥当である。

民族の酒

大昔からわが民族の間に行われた「民族の酒」は、はたしてどんな形のものであったであろうか。『三国志』(巻三〇)、『魏志東夷伝』に倭人のことを記した記事があるが、それを見ると、わが祖先は「人性酒を嗜む」であり、また喪に際しては、よそから来た人たちが「歌舞飲酒」をする風習のあったことがわかる。古い日本民族の間に酒があって、しかも大いにそれを飲む習慣のあったことを物語る、一番信頼のおける文献にちがいない。ただその酒なるものが、いかなる種類の酒であったか、米の酒であったか、粟の酒であったか、あるいは「口嚙酒(くちがみのさけ)」であったか、それとも今と同じ「カビの酒」であったかなどについては全くわからない。

くだものの酒

『日本書紀』(神代の巻)のうち、「やまたの大蛇」退治のくだりで、すさのおのみことが教えた酒は八醞折(やしおり)の酒というから、穀類の重醸酒かと思われるが、また一説に、「衆菓をもって酒八かめを醸(か)もせ」ともいわれる。もしこれが縄文遺跡に見られる「がまずみ」や「かじのき」など果実の酒であったとすると、ふしぎ

大昔の甑（こしき）．この形式のものは古墳時代から奈良時代にわたってひろくもちいられていた(橿原公園歴史館蔵)

なのは、それから後の長い歴史の間に、果実の酒があまり現れないことである。

カビの酒

それにくらべて、もっとうなずけるのは、『播磨風土記』の記載である。『風土記』は奈良朝に『古事記』と前後して、諸国の地理・歴史を誌さしめたものだが、書いてある内容はいわゆる「神代」にさかのぼっている。『播磨風土記』宍禾郡（しさわのこおり）庭音村の条に、ある神社の「大神の御粮(または糧)が沾れて、梅(かび、または黴)を生じたので、「すなわち酒を醸（か）もさしむ」」とある。米飯（めし）に「カビ」が生えたものは、古く「加無太知（かむたち）」または「加（か）

牟多知」とよばれた。今の麹である。「御粮」が稲であったことは、大山祇神の姫の造った「天甜酒」が「狭名田」の稲で醸もされたことからも察しられる。(『日本書紀』)

粟も古くから食べられていたから、一国の酒の原料はその国民の主食と一致するという説に基づけば、あるいは粟も使われたかもしれない。きび、ひえ、麦、豆などは、奈良朝の頃畑作の奨励によって広く作られるようになったらしい。ことに小麦と豆は、当時中国から製法が伝えられた調味料——「醬」「味醬」「豉」などの原料として使われている。

酒の神々

以上二つの文献は、ともに古い時代におけるわが国の酒造りを物語るものとして貴重なものである。さらにもう一つ、わが国には昔から「酒の神様」として知られた神社が三つある。その神様からも、わが酒造りの古い在り方が想像できる。そのうちの一つ、奈良県・三輪神社で祭神は、大物主大神と、それと一身同体の、大国主命と少彦名命である。大国主命は出雲系の土神であり、少彦名命は商いの神様としても知られている。もしこれら神々が酒造りに関係があるとすれば、前者はわが国固有の「民族の酒」のシンボルであり、後者の関係からは、百済から入るよりずっと以前に、わが酒造技術が、何か外国の影響をうけていたのではあるまいかとの疑問も出てくる。

次の酒神は、京都府・松尾神社であり、その祭神は大山咋命と大陸に関係深い宗像女神の市杵島姫命である。注目すべきは、この神社の神主が代々秦氏の出であるという点である。松尾神社のある桂から太秦にかけての地方は、昔から朝鮮から帰化した人たちの領地であったし、松尾神社に近い太秦の広隆寺の近くにある木島神社は、「秦酒公」に縁故のある社であるといわれていることなどを考えあわせると、応神の朝に、百済から須須許理が大陸の酒の技術を伝えたという伝説とも関係があるかもしれない。

第三番目の酒神、京都府の梅の宮の祭神は、書紀に名高い「天の甜酒」を造ったといわれる木花之開耶姫命と農業の神様の大山祇命とであるというから、これこそ天孫系の固有の「民族の酒」のシンボルとも見らるべきであろう。

朝廷の酒

応神・仁徳朝の前後から、「やまと朝廷」の支配が確立し、強力な政府がうち立てられるようになると同時に、百済を通じて中国文化が輸入され、中国の酒造技術もはいって来たはずである。ことに大化改新以後奈良朝にかけては、政府がすべての産業文化の担い手であって、宮中はもちろん、政府の一般の調度一切は朝廷で自給する体制になっていたのであるから、酒ももちろん例外とは考えられない。外来の酒造り技術は、おそらく朝廷の工場で伸びたと思われるので、この時代から平安朝の初期に至るまでの間の酒造りを、ここでは、先の「民族の酒」に対して、「朝廷の酒」と呼ぶことにする。

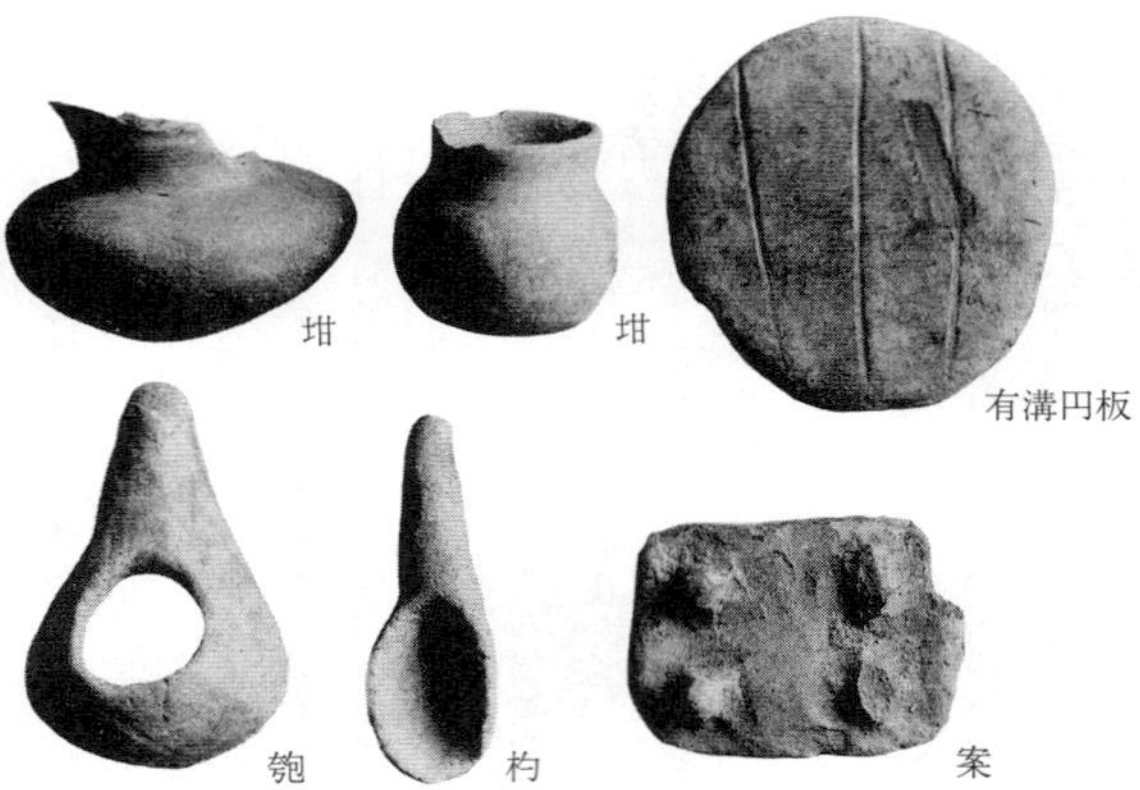

三輪神社の麓から出土した土製祭器．大場磐雄氏によれば，神酒を醸すための酒造道具の模造品であるという(5-6世紀)

「朝廷の酒」と「民族の酒」との技術上の相違はどうであったかがわかれば、今の日本酒が真にわれらの祖先の科学性に基づく発明であったかどうかも、おのずからはっきりする。たとえば今度の敗戦直後に、一部の在留朝鮮人がわが日本酒の国の真只中にありながら、わざわざ本国から中国式の朝鮮麹(こうじ)を密輸入して、大陸式の酒造りの方法で、いわゆる「カストリ」を大量に造って大いに国民を悩ましたように、民間に、すでに広く行われていた「民族の酒」の中に「朝廷の酒」だけが孤立の状態で存在していたかどうか。残念ながらしろうとの筆者には、その辺まではなかなか考証の手がとどきかねる。

『万葉集』

「朝廷の酒」が全盛を極めた奈良朝の時代にも、民間には祖先伝来の「民族の酒」の技法が広く行われていたのではないかと思われる。しかしそれについての確かな証拠はなかなかつかめない。しかし『万葉集』などを見ると、民間には手造りの酒があったことが想像できる歌が多い。

大宰帥大伴卿、大弐丹比県守卿（たぢひのあがたもりのまへつきみ）の民部卿に遷任するに贈る歌一首

君がため醸（か）みし待酒（まちざけ）安（やす）の野に独りや飲まむ友無しにして　（巻四）

待酒（まちざけ）については、さらに巻十六に、年ごろ別れていた夫がほかに女ができたため、自分は来ずに土産物だけをよこされた妻の嘆いて詠んだ歌として、

味飯（うまいひ）を水に醸（か）み成しわが待ちし代（かひ）はかつて無し直（ただ）にしあらねば

待酒

待酒（まちざけ）とは、来客に飲ませるために「かもしもうけて待つ酒」とのことだから、一夜酒ではないにしても民間で簡単に造ったものとみえる。「味飯」を原料に

したことも注目される。

また禁酒令下でも飲まれた酒の例として、

大伴坂上郎女の歌一首

酒坏に梅の花浮け思ふどち飲みての後は散りぬともよし

和ふる歌一首

官にも許し給へり今夜のみ飲まむ酒かも散りこすなゆめ

右は、酒は、官禁制していはく、京中の閭里、集宴すること得ざれ。但し親親一二飲楽するは聴許すといへり。これによりて和ふる人この発句を作る。（巻八）

後書にもあるとおり、聖武・孝謙両帝の時に一種の禁酒令が布かれたが、一定の制限の下、たとえば極く親しい間柄とか、そのほか許しを得れば飲んでもよろしいとされた頃の歌であろう。

酒を楽しむ　万葉人が大いに酒を楽しんだらしいことは、あの有名な大伴旅人の酒を讃えた歌や、大伴家持のやりとりした歌などからもよくわかる。旅人の歌を御紹介すると（『万葉集』巻三、岩波「日本古典文学大系」による）、

験なき物を思はずは一坏の濁れる酒を飲むべくあるらし
酒の名を聖と負せし古の大き聖の言のよろしさ
古の七の賢しき人どもも欲りせしものは酒にしあるらし
賢しみと物いふよりは酒飲みて酔泣するしまさりたるらし
言はむ為便せむ為便知らず極りて貴きものは酒にしあるらし
なかなかに人とあらずは酒壺に成りにてしかも酒に染みなむ
あな醜賢しらをすと酒飲まぬ人をよく見れば猿にかも似る
価無き宝といふとも一坏の濁れる酒にあに益さめやも
夜光る玉といふとも酒飲みて情をやるにあに若かめやも
世のなかの遊びの道にすずしくは酔泣するにあるべかるらし
今の世にし楽しくあらば来む生には虫に鳥にもわれはなりなむ
生者つひにも死ぬるものにあれば今の世なる間は楽しくをあらな
黙然をりて賢しらするは酒飲みて酔泣するになほ若かずけり

古い時代のおおらかなデカダンティスムがみなぎっているが、何となく新時代の感覚に通ずるものがある。ここでは「濁れる酒」を飲んでいたらしい。

酒の階級性

『万葉集』の酒の歌としては公けの酒宴の時に詠まれたものが大部分で、ちょっとかぞえただけでも三〇首近くある。主として宮中の節会や除目、入唐使や節度使の送迎、地方官吏の赴任や帰任などの宴で詠まれたものである。それにくらべると、私人の間の宴や、ことに民間人の間での飲酒の歌は非常に少ないのが目につく。たとえば防人の歌や、東歌のたぐいに、全く酒の歌を見出すことができないことは、あるいは当時のきびしい階級制度によるのではないかと思われる。

ただ一つ当時の下層階級の酒のありさまを偲ばせる歌がある。『万葉集』巻五、山上憶良の「貧窮問答歌」の出だしがそれである。

風雑へ　雨降る夜の　雨雑へ　雪降る夜は　術もなく　寒くしあれば　堅塩を　取りつづしろひ　糟湯酒　うち啜ろひて　咳かひ　鼻びしびしに　しかとあらぬ　鬚かき撫でて　我を除きて　人は在らじと　誇ろへど　寒くしあれば　麻衾　引き被り　布肩衣　有りのことごと　服襲へども　寒き夜すらを　我よりも　貧しき人の　父母は　飢ゑ寒ゆらむ　妻子どもは　吟び泣くらむ　此の時は　如何にしつつか　汝が世は渡る

天地は　広しといへど　吾が為は　狭くやなりぬる　日月は　明しといへど　吾が
為は　照りや給はぬ　人皆か　吾のみや然る　わくらばに　人とはあるを　人並
に　吾も作るを――

糟湯酒

おそらく当時造られていた米の酒は、ざるか布かでこして、糟をはなして、うすにごりの清酒の状態で飲まれていたものであったらしい。「糟湯酒」というのは、その糟をもらって湯でとかしたものであり、塩をさかなに飲んだものらしく思われる。似たような風景は、ずっと後になって、江戸時代の初期、当時の酒の本場、伊丹で伊丹流の俳陣を張った鬼貫の句にもみられる。

賤の女や袋洗ひの水の汁

この句は、当時伊丹の酒屋で、酒造りのさかんな季節に、新酒をしぼった袋を洗う水を、近所の女房連がもらって帰って、亭主に飲ませる風習を詠んだものといわれている。とにかく、この歌からも古い奈良朝の酒の造り方の一角をのぞけるのは楽しいことである。

塩をさかな

また「堅塩」というように、塩を酒のさかなとすることは、古くからの習慣であったらしく、天野山金剛寺の岩本為雄座主のお話によれば、弘法大師の「御遺告」の中にも、「塩酒」を許しておられ（「酒は是れ治病の珍、風除の宝なり、治病の人には塩酒を許す。」）、高野山では、酒の中に塩や、梅干しなどを入れて飲む習慣があるという。枡酒に塩をさかなにした江戸の習慣は、今の世まで残っている。メキシコでも、テキラという竜舌蘭でつくった焼酎などは、今でもビンに、ビニール袋入りの塩をぶらさげて売っている。

『令集解』と『延喜式』

「朝廷の酒」については、前の「民族の酒」とちがって、この段階の酒の在り方を知るのに都合のよい文献が二つほどある。一つは『令集解』、他は『延喜式』である。

『令集解』が書かれたのは、『延喜式』とほとんど同時代の平安朝初期である。その内容は、その時より二〇〇年ほど前に制定をみた令、すなわち大宝律令と、実は大宝律令より約一〇年ほど後にそれを改定した新律令、すなわち養老律令についてその頃に行われた多くの学者の解釈や意見などをつけ加え、惟宗朝臣直本という明法博士が、勅命によって編纂したものである。奈良朝を中心とした古い時代の官制や格式が書かれているから、それによって当時の「朝廷の酒」の様子を察することができる。

政府の工場組織

『令集解』によると、当時の政府は酒に限らず、あらゆる政府の調度を製造するために、大規模な工場をもち、多くの工人をかかえていたようであって、その種類も、筆墨、製紙、製本、金属加工、染織、漆工、造兵、そのほかあらゆる必需品に及んでいる。そしてこのような仕事に従事する工人たちは「品部」と呼ばれていた。この人たちは、「雑戸」または「雑工戸」とよばれる、それぞれ専門の技術をもった民戸の集団から、政府へ出仕するのである。この雑戸は、おそらく、上古からのわが氏族制度のうちにあったように、家業をもって朝廷に仕える集団から来た制度とも思われるが、一般の農民からは区別して、その技能を世襲させ、そのかわりに租税は免除されて特別に保護された人民である。その各戸から一丁(一人)の割で政府の工場に召され品部となるのである。特殊技能のことであるから、当時技術導入の先端をゆく、帰化人の百済部や狛部が幅をきかしたであろうことも想像できる。今正倉院に残されている芸術の粋も、おそらくこの人たちの仕事であろう。

造酒司

酒造もこれと同様の制度で行われ、役所としては、宮内省のうちの造酒司と、後宮の酒司とが主であって、前者が朝廷用の大部分の酒を造っていたようである。その長官の造酒正は、なかなかの高官であり、当時小国の太守や、大国の介(次官)と同等の正六位となっている。そしてその下にも、造酒佑とか造酒司長とかいう高等官級の役人がいる。

実際に酒を造るのは、六〇人の酒部（さかべ）という品部の人たちである。そしてその酒部の出身は、倭国（大和）に九〇戸、川内国（河内）に七〇戸、合計一六〇戸の酒戸である。そのほか津国（摂津）にも二五戸あったが、これは主として酒をサービスする役にまわる家柄とされている。当時は春と秋にも酒を造っていたらしいので、かりに年三回造るとすると、現今の酒造にあてはめれば、これだけの人数では少なくも五〇〇〇石（九〇〇KL）くらいは造ったはずである。しかし、この書物には、造酒法の詳細について全く書かれていないのが残念である。

同じ宮内省の大膳職（だいぜんしき）のうちに、現今の味噌や醬油の先祖のようなものを造る役所があって、ここにはそれらの製法まで詳しくのっている。それによると、現今の方法と大差がないところを見ると、酒の造り方も同様と推定してもよいのではなかろうか。もっとも当時の酒造の実際は、次に述べる『延喜式』にかなり詳しくでてくるので、これによって「朝廷の酒」の実態を察することができる。

『延喜式』は、今から約一〇〇〇年前の平安朝初期に、醍醐天皇の命によって編纂された法文集であり、当時の宮中や政府で行われたあらゆる行事・慣行の事務規定のようなものである。

新嘗会の酒造り

この書物で先ず興味の深いのは、「民族の酒」、すなわち原始の酒造りの形式らしいものが、相当くわしく書かれていることである。それは民部省の中の新嘗会に使う酒であって、この祭は、その年の新穀を以て、白貴黒貴二種の酒を造って神を祭るのである。儀式は一般に古式を保存するものであるから、昔からのしきたりによる製法であろうと推定される。

これによると、斎場には、先ず「酒殿一宇。臼殿一宇。麹室一宇。」という配置の建物が設けられる。臼殿は精米場である。面白いことには、舂稲仕女四人、すなわち米を搗くのは女の役目であり、酒原料の米一石を四人の仕女が搗くことになっている。

酒殿には酒を醸す甕が並べられ、また、麹製造のために特別の麹室が造られる。ことに、そこで造られる麹は、糵(または、よねのもやし)という字で表される「ばら麹」であるというから、これは現今の製法と全く同じであって、中国の酒の麹とは異なるものである。しかも酒の造り方は、同じ『延喜式』の酒造司のところに出てくるような進歩したものではなく、飯と麹と水とを「かめ」の中でまぜて一〇日くらいでできる薄い酒である。『万葉集』の待酒なども、多分このようなものであったことと思われる。そして白貴はそのままの酒で、黒貴はこれに臭木(久佐木)の灰をまぜて酸を中和したもののように書かれている。

『延喜式』の酒

『延喜式』には、このような酒は例外で、もっとおいしい濃い酒やいろんな酒の造り方が一〇種類くらい出ている。本格的な酒を一番たくさんつくるのは、宮内省の酒造司であり、年に九〇〇石〔一六二KL〕余の米を使うというから、おそらく当時の技術でも、一〇〇〇―二〇〇〇石〔一八〇―三六〇KL〕の酒ができていたにちがいない。もっとも当時の枡目(ますめ)は、今の約半分に近いとする学者もあるから、実量はこれより上であろう。

一〇種類の酒のうちには、天子の供御(くご)用の濃い仕込みの酒、あるいは水のかわりに酒をつかって仕込み、あるいは甘くするために小麦の麦芽を加える珍しい酒、あるいは麹の割合をうんと多くした甘酒のような酒など、あらゆる技巧が凝(こ)らされていること、現代の酒も顔まけである。

大陸の影響

またそれとは反対に、下々の役人に飲ませるための雑給酒には、「頓酒(とんしゅ)」とか、「熟酒(じゅくしゅ)」とか、「汁糟(じゅうそう)」などという、水の割合が多いのもある。酒造の技術もなかなか進んでいたらしいことは、濃い酒を造るためには、米と麹とを何回にも分けて加えたり、醱酵のすんだ「もろみ」を袋に入れてしぼって、澄んだ酒をとったりする技術は、今の酒造りと少しもちがわない。これらの技術はおそらく中国の影響によるものかもしれない。このことは、糟(ツァオ)(一種の酒)などという中国くさい酒名が幾種類も出てくるところなどからも察せられる。しかし製法の大すじから見て、当時中国で行われたと思われる『斉民要術』の酒造法などとは著しくちがっていて、すでにわが国独自の酒の特徴をはっきり打ち出していることは明らかである。もっとも『斉民要術』は主に北・中シナの技術を伝えておって、雑穀を主とした加工法であるが、当時すでに発展の段階にあった中・南シナの米の栽培や加工の技術が、あるいは別にあったかもしれないという点は考慮に入れておかねばならないと思う。

次第に民間へ

上に述べたように政府中心に育成されてきた各種の工芸や技術が、どのようにして次第に民間に移ってきたか。たとえば、今まで政府の工場だけでしかできなかった高級の織物も、後には諸国の国府に職場を設けて技術者を養成し、調庸などの税のかわりにそれらの製品をおさめさせるようにしたり、兵器の類の製造なども、おそらく辺境防備の必要もあったりして、次第に地方の民間に移すようになるなど、朝廷の技術がだんだん民間に浸透してゆく傾向にあったようである。そのほか酒造の場合には、奈良朝以後には、政府に近い大きな権力をもつ寺院や神社が多かったので、酒造りも、その方でも行われるようになったようである。

商品としての酒、酒税の発生

酒造りの工場や技術も、上述の例にもれるわけにはいかなかったであろう。それに平安朝の末から鎌倉室町時代にかけて、都市や港町がはんじょうするにつれ、門前市や一般の市などによる交換経済が発達する段階になると、酒も従来のように、必要に応じてその場で造って飲むとか、または飲ませる場所で造るというような在り方ではなく、商品として、腐らぬ長保ちのする酒が要求されるようになって来たであろう。そのうえ上述のような政府の政策もあって、いつの間にか朝廷の酒造組織は廃止されて、そのかわりに政府なり、寺社なりの権力者が、特定の専業者を認定して酒造の特権を与え、その権利を保護する代償として、酒の現物またはそれに代わる税(酒役などという)をとり上げて自家の用に供するような制度に移ってきた。そして「酒屋」はもはや律令時代の酒戸のように、政府直属の下級役人ではなしに、時の権力者の認める自前の酒屋として、あるいは「座」というような組織の下に、特定の寺社に属する「神人」(または「じにん」)などという形で、営業を行うようになってきたのである。これがおそらく平安末期から室町時代に至る間のわが酒造りの移りかわりの姿に近いものではないかと思われる。そこで、このような段階を、「民族の酒」、「朝廷の酒」に次いでの「酒屋の酒」の時代と呼ばせていただくことにする。

酒屋の酒

この時代でも、昔からの「民族の酒」に近い形の酒造りが、依然として民間に行われていたことは想像できるが、これとは別に職業化した比較的規模の大きな酒屋が発達していたらしい。そして一口にいえば「酒屋の酒」の技術内容は、

平安時代の市の風景．中央の狭い店には帛や乾魚や果実などがならべてある(「扇面古写経下絵」東京国立博物館蔵模本)

「朝廷の酒」と「民族の酒」との技術の交流で生まれた、というよりは、あるいは中国の影響の深く及んだらしい「朝廷の酒」が幾分「民族の酒」の方へ逆もどりし、そのためにわが酒造技術の上では一番幅広くいろんな方法が自由に考案された時代であって、次の時代の技術を引き出す数多くの創意工夫の萌芽が秘められている時代であるように思われる。そしてこのことは次に述べる二つの文献や、つづいて江戸時代の初期に現われた酒造りの書物などからも推定できるのである。

中世の酒造り、すなわちここでいう「酒屋の酒」の技術内容が少しでも明らかになったことは、全く関西大学教授・故小野晃嗣博士の功績である。そしてそのおかげで、従来は江戸時代にはじめられたと信ぜられていたわが酒造りの上の優れた技術で、それよりずっと以前の中世にすでに工夫されていたことが判明したものも少なくない。

『御酒之日記』

その二つの文献のうちの一つは『御酒之日記(ごしゅのにっき)』という。この文書には、六種類の酒の造り方が書かれていて、そのいずれの造り方からも、『延喜式』に見られる大陸くささはすっかり影を消している。そのうちの一種には、麹と米と水とを二回に分けて順々に加えてゆく(現法は三回)今の酒造りのもとになる方法もはっきり書かれているし、それよりもっと興味深いことは、今でも世界を通じての醸造上の二つの原則的方法、すなわち、その一つは乳酸醗酵の応用、他の一つは加温による酵素や菌の活動などもはっきりと出ていることなどである。小野教授が東大史料編纂所所蔵の『佐竹文書』の中に発見されたものである。同所員の今枝愛真氏の御意見などから考えると、この文書が書写されたのは、永正、天文の間(あるいは永禄九年)で、大体一六世紀のはじめ、今から四五〇年くらい前となっているが、その原本の年号が、長享三年(一四八九)または文和四年(一三五五)となっているから、記事の内容は南北朝から、おそくも室町初期あたりの酒造りのありさまが書かれてあると見てよろしいようである。そうするとこの文書は『延喜式』と、次に多くの文献の現れる江戸時代とのちょうど中間の時代の酒造りを物語る貴重な文献であるといわなければならない。

『多聞院日記』

小野教授の紹介されたもう一つの文献は、南都興福寺の塔頭（たっちゅう）である多聞院で、室町末期から江戸時代初期にわたって書かれた『多聞院日記』であり、この寺に属する末寺に酒を造らせていた状態が各所に出てくるのである。これによると、この頃の酒造りは、仕込みの手順やそのほかの方法が全く江戸末期までの方法と変らないばかりでなく、酒の殺菌のために、西洋では今からわずか百年足らず以前に、有名なパスツールによって発明された葡萄酒や牛乳の低温殺菌法と全く同じ「火入（ひいれ）」の方法や手順が、こまかく出ていることである。

江戸時代の酒

三〇〇年太平の夢といわれる江戸時代は、鎖国という密閉された壺の中で、それまでに受け入れられ蓄積されたいろんな文化が、日本民族の特性という温床の上で醗酵し、煮つめられた時代とも見ることができよう。酒造りの技術も、中世からうけつがれた「酒屋の酒」の技術のいろんな萌芽が、この壺の中で芽ばえて、「酒屋万流」の花と開き、やがては次第に池田、伊丹、灘目と、当時の酒造の主導的な地位をえてきた中心地の技術を主軸とした「寒造り」の一点に煮つめられて行くという過程をたどるのである。

寒造りの酒、本場の酒

すなわち、それまでのように彼岸酒、冬酒、間酒、寒前酒、正月酒、春酒というように秋の彼岸(ひがん)の前後から春の彼岸すぎまでほとんど年中造る製法のうちで、とくに寒造りの製法が一番優れていることが確立され、多くの製法がこの一点に向って集中され高度化されていく段階である。それ故この段階の酒造りを、ここでは「寒造りの酒」またはもっと割り切って「本場の酒」という言葉で呼びたいと思う。とはいうものの、たとえ本場の地方でも、江戸の末期まで寒造り以外の時季に造る酒の類が広く造られていたし、ましてそれ以外の地方の田舎では、「民族の酒」の系統を引く雑多な造り方の酒が、広く地方の酒屋のうちに行き渡っていたのであって、あるいはこのような酒には「本場の酒」に対して「田舎の酒」という名称をたてまつる方がよろしいかもしれない。古い昔の「民族の酒」や「酒屋の酒」の尻っぽは、このようにしてわれらの時代近くにまで引かれているのである。

江戸時代には酒造りの文献が大分豊富に現われていて、筆者の手もとにあつめたものだけでも一二―一三に達する。そのうち手写本は五で、他は板行されたもの、または板行されたものの手写本である。そしてこれらの文献をその年代から見ると、大部分が元禄の前後(一七〇〇頃)と、文化・文政の前後(一八〇〇頃)との二つの時代の付近に集まっているのも一つの特徴である。江戸文化の盛衰との関係か、あるいは前後六七回にもわたって発令されたという幕府の酒造制限または緩和奨励の時期との関連でもあるか、よく調べてみないとわからない。

『童蒙酒造記』

それらの文献のうち、『童蒙酒造記』(延宝五年(一六七七)頃)には、まだ夏から春までの温度に応じたいろんな造り方があるが、とくに寒造りを重視し「中冬の節より立春の節に及ぶ九十日」の「当流の寒造り」をよしとして、その製品は「甘口にしてしやんとする也」といっている。片白、諸白などの区別もはっきり出されている。

『本朝食鑑』

『本朝食鑑』(元禄八年(一六九五))と『和漢三才図会』(正徳元年(一七一一))とはいずれも有名な書物だが、前者の著者が江戸幕府の番医師人見必大であるせいか、「田舎の酒」の製法が書かれ、後者は浪速の医師寺島良安であるから「本場の酒」に近い。

『寒造酒屋永代記伝』

しかしこれらとほとんど同時代(元禄一〇年(一六九七))に刊行されている『寒造酒屋永代記伝』には、全く寒造りの方法だけしか書いてないところを見ると、この時代にすでに寒造りの権威は確立されたものと見なければなるまい。

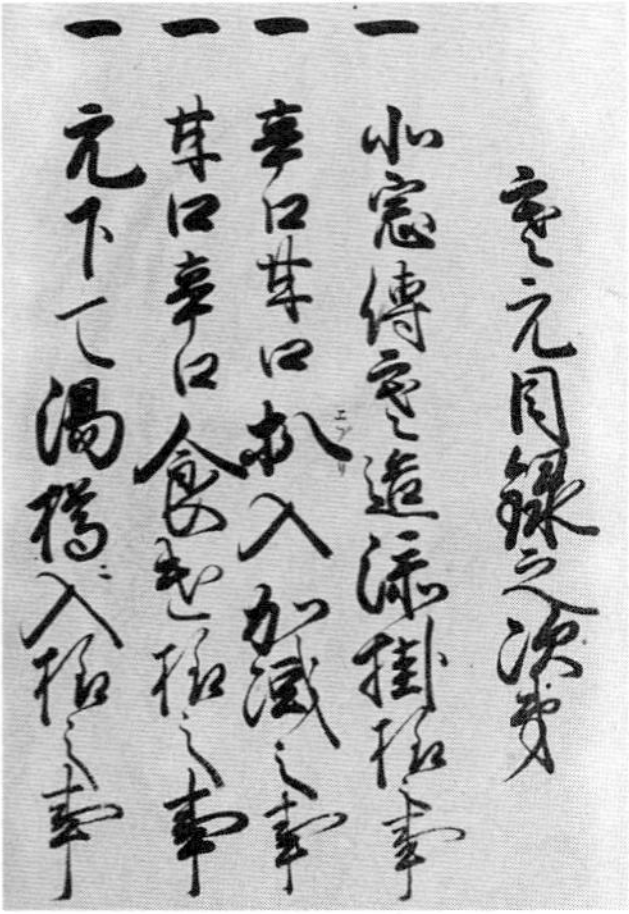

『寒造酒屋永代記伝』の目次の一部（伊藤保平氏蔵）

『本家大坂鴻池酒類秘録』など

これよりずっと時代が下って、文政九年（一八二六）の『本家大坂鴻池酒類秘録』や、天保九年（一八三八）の『酒直（さけなおし）千代伝法』などはもちろん寒造りに重点がおかれた書物である。ただ少しおかしいのは、寛政一〇年（一七九八）に本場に近い浪速の有名な木村蒹葭堂孔恭によって著わされた『日本山海名産図会』の方法は「寒造の酒」そのままであるにもかかわらず造酒の時季がはやくはじまり、また「当世新酒（秋八月）、間酒、寒前酒、寒酒あり」などともあるが、これはおそらく「田舎の酒」をも含めて書いたものと見える。

『万金産業袋』

『日本山海名産図会』より約六〇年前（享保一七年（一七三二））に大坂で出版された『万金産業袋』の内容は、前者よりは多少古法にかたよっているように見えるが、それにもかかわらず「酒は寒造りを専とする」とも、また「時節は寒造りとて、大寒、小寒、雨水の節を期とす、されば又寒は地気の陰中の陽、玄気空(そら)にこりて水始めて生ずるの時、大陽を発する百薬の長、甘露の酒の水に汲むこともつともさもこそ」などと註がついている。しかし一方には夏七月新米で造り、一時的に飲む「新酒」のことをも記し、そのほか本格的の酒にも「寒造りを待たずして時節をはやく仕込みたる」酒があることが指摘されている。伊丹、富田あるいは池田の酒は「酒の気はなはだかるく鼻をはじき、何とやらんにがみのもようなれども、遥かの海路を経て江戸に下れば、満願寺（酒屋の名）は甘く、稲寺には気あり、鴻の池こそは甘からず辛からず」であることなども書かれている。

「田舎の酒」の製法については、前記の『本朝食鑑』のほかにも、『醸酒秘録』（寛政元年〔一七八九〕）、『高田町村田弥兵衛酒伝受之覚』（文政五年〔一八二二〕）、『新酒半からし造心得書』（慶応元年〔一八六五〕）などがある。

『摂州伊丹満願寺屋伝』

今度見つかった文献のうちで、一番興味深いのは、『摂州伊丹満願寺屋伝』という書物で、九〇枚にわたってびっしりと細書されている筆法墨色などから見ると、どうしても寛文・元禄を下るまいという専門家の意見であるが、残念ながら年代の手がかりになる記載が見当らない。しかしその内容を見ると、今までのどの文献よりも『御酒之日記』に近く、本書と日記だけにしか見られない酒の造り方もある点から見て、本書は少なくともその内容は『御酒之日記』と、江戸時代の前記の諸書との中間を綴るものではないかと思われ、貴重な文献である。本書の題名に出ている満願寺屋は、江戸の初期から池田で栄えた酒屋であるのに、伊丹と冠してあるあたりから察すると、あるいは本書の著者は、池田、伊丹の区別も知らぬ遠国の人ではなかろうかというのが、大阪府立大・篠田統教授の意見である。

そのほかに、最近新潟県酒造組合で、県内の古い酒造家から骨を折って集められた貴重な文献が『新潟県酒造史』に紹介されている。これらによって、『摂州伊丹満願寺屋伝』の中に書かれているいろんな古い技術が、新潟県内で発見された寛文から元禄にかけての古文書によっても完全にうらづけされていることが判明したのである。古い文献を引き合いに出して話を進めるややこしいやり方はこのくらいにしておいて、次には最後の段階すなわち明治以後の酒造りの段階にはいることとしたい。

合理化の酒

この段階は、古代に中国の技術がはじめてはいってきた当時と同じ事情の下に、泰西の科学に基づく新技法がはじめてわが国に紹介されたことによる、わが酒造技術上の第二の大変革期として、一つの画期的段階といえよう。しかしここで注意しなければならないことは、他の科学技術とは異なり、わが酒造技術には西洋にはないカビを使う方法など特異な技法がたくさん含まれているため、明治初年(一八六六)以来試みられた欧米のビール醸造法をまねた直訳的改良法のほとんどが失敗に帰したということである。その結果わが国の酒はやはり古来の技法の線をはずしてはうまくゆかないという自覚が確立されたが、それはやっと明治四〇年(一九〇七)前後のことである。それゆえ、それ以後の酒造りは、古来の方法を西洋の新しい科学によって合理化し、理論づけしたという意味で、「合理化の酒」とよぶことにしたいと思う。

酒造り二つの道

そして「合理化の酒」の線は、これを大きく分けると、二つの酒造法として打ち出された。その一つは「寒造りの酒」の方法、すなわち灘流の方法を合理化した山卸廃止酛法(やまおろしはいしもとほう)であり、他の一つは、古い「酒屋の酒」のうちの一法、また江戸時代には「田舎の酒」として伝えられた方法の「ぼだいもと」を合理化した乳酸応用の速醸酛法(そくじょうもとほう)である。これらの方法については後で述べることにするが、前法では雑味に富んだ幅のある濃い酒、後法では淡麗な酒が得られる。現代の日本酒のほとんど全部はこのいずれかの方法で造られているが近来は後法が極めて少なくなりつつある。

温故知新

現在わが清酒の主流は以上の二流だが、そのほかにも「合理化の酒」としてあげておかねばならぬ二、三の方法がある。その一つは高温糖化法であって、これはそのスタートにおいて、五五度くらいの温度を加えて麹の糖化をすすめておく方法である。これは西洋のビールの製造法に近い方法である。実は前に述べた『御酒之日記』や『摂州伊丹満願寺屋伝』に、ことにくわしくのっている煮元という方法に近いやり方である。この煮元の方法はその後の文献からは全く姿を消しているが、実はこれが今の高温糖化法に相当する方法である。煮元の方法は、酛を釜で温めて、そのうちに腕を深く入れて三度までゆるくまわすに耐える温度と書いてあるあたりは、全く糖化の適温と一致するものである。

その次にあげなければならないのは、周知の通りのアル添法である。これは酒にアルコールを加えて、酒量を増すとともに、酒のアルコール分を高めて腐敗を防ぐ方法であり、戦中・戦後にかけて広く行われ、現在も一般に採用されている方法である。しかしこの方法も、もとをただせば、古くから灘地方で江戸送りの酒に行われていた柱または柱焼酎の方法にすぎない。前述の古い文献には、柱用の特別の無臭焼酎のとり方などまでが、くわしくのっている。

合成酒の手法

さて「合理化の酒」として最後に忘れてならないのは、合成清酒と、それの応用の三倍増醸酒であろう。合成酒だけはいかに古来の文献をさがしても見つからないばかりではなく、世界のどの国にも例のないことであるから、これは全くの新発明であって、「合理化」とはいえないかもしれない。しかし合成酒とはいえないが、ふつうの酒に、アルコールや合成酒に使うような糖分や風味成分の類を加えて酒量を三倍にも引きのばした三増酒は、酒を土台とする点からいえば、「合理化の酒」のうちにいれてもさしつかえあるまい。アル添酒も三増酒も、ともに醸造試験所の発明で、米の不足や、酒の供給を補った功績は大きい。

第五話　酒になるまで

酒庫での作業

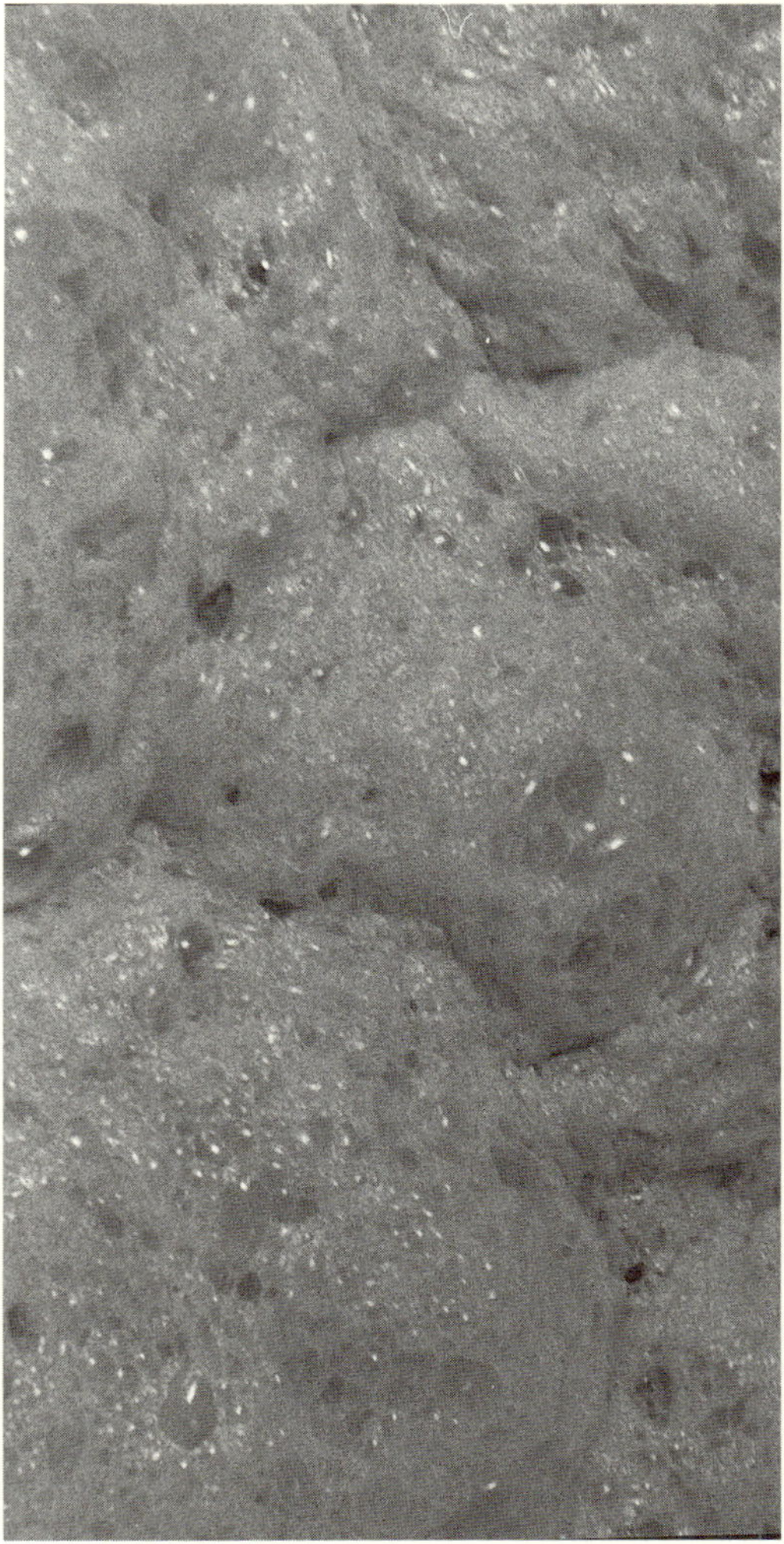

酛の「湧きつき」。醗酵がはじまって激しい泡が立つ

清酒醸造の順序

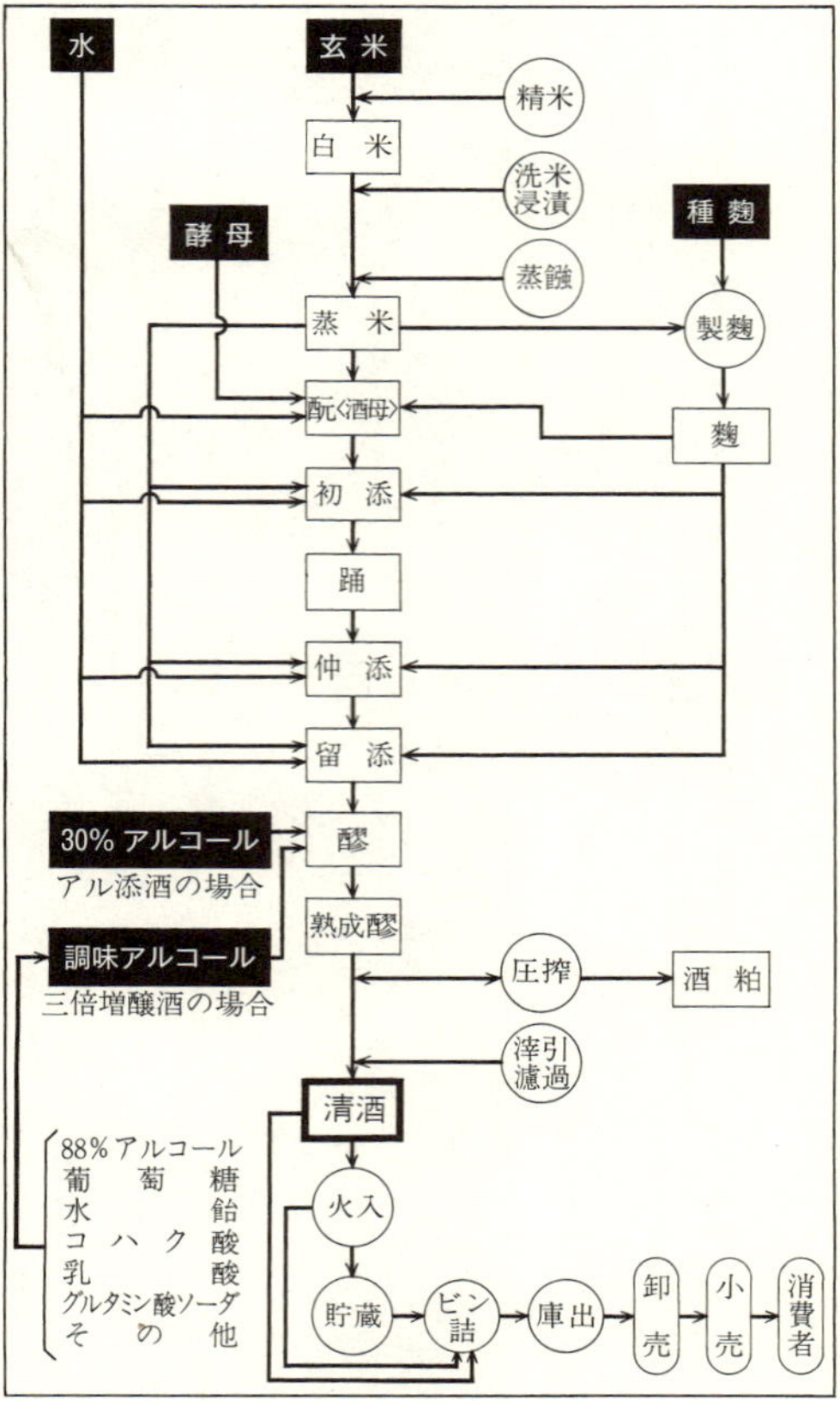
水
玄米
精米
白米
洗米
浸漬
酵母
種麹
蒸籠
蒸米
製麹
酛〈酒母〉
麹
初添
踊
仲添
留添
30% アルコール
アル添酒の場合
醪
熟成醪
調味アルコール
三倍増醸酒の場合
圧搾
酒粕
滓引
濾過
清酒
88% アルコール
葡萄糖
水飴
コハク酸
乳酸
グルタミン酸ソーダ
その他
火入
貯蔵
ビン詰
庫出
卸売
小売
消費者

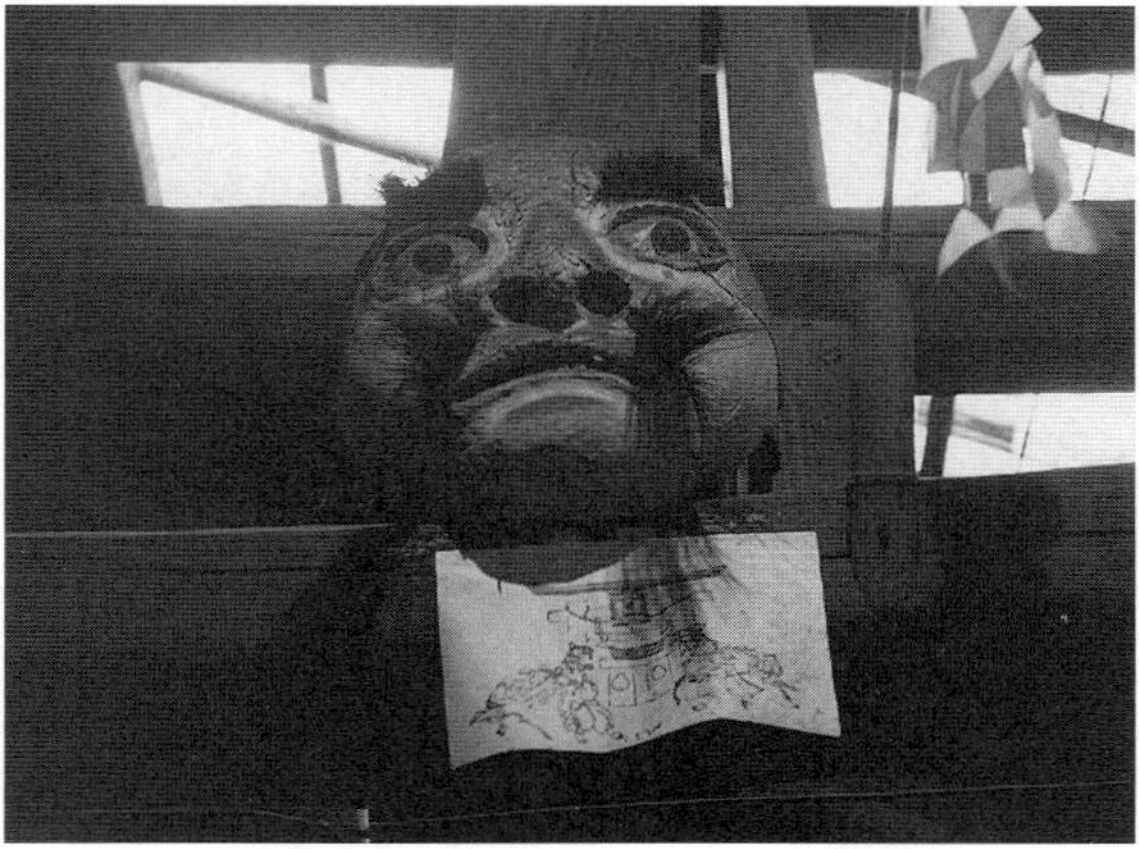

東北の古い酒庫の一隅に鎮座するカマド神

生きものをつかう工業

「カッチリカッチンと切り込みましたるは玉のようなる潔めの切火。真正面なる松尾さま、荒神さま、これなる鎮守さま、土産の神さま、八百万の神々さまもお目覚めあらせ給うてお立会のほど願い奉る。ただいま仕込みましたるは第○号の醪。江戸へ出しては江戸一番、田舎へ出しては田舎一。甘く辛くシリピンの上々酒とならしめたまえ」(『丹波杜氏』による)　寒さ身に染む暁闇の酒蔵の奥から、仕込桶に向って一心に祈りをささげる杜氏の声を聞く時は、誰しも荘厳な気持ちに打たれて思わず襟を正すであろう。まことに酒造りという神秘な世界では、昔から、誠実の精神のこもった、清潔とパンクチュアリティーとが、酒を腐らせずに名酒を生み出す、ただ一つのたよりであった。それは、万里の航程に出発せんとする飛行機の整備にあたる、整備員の気持ちとおなじような緊張であろう。そして現代の進んだ科学の世界でも、まだまだこのような精神を必要とするというのは、微生物をつかう工業ゆえの宿命とでもいうのであろうか。ここでは、日本酒の醸造の手順すなわち工程(別図をごらん下さい)を、順を追って説明してゆくことにする。木版の図は今から一六〇年前の寛政年間(一七八九—一八〇一)に、大坂の有名な博物学者、蒹葭堂(けんかどう)木村孔恭によって出版された『日本山海名産図会』にのせられている当時の名醸地、伊丹の酒造りのありさまである。面白いことには、工程の大すじは今の酒造りと大差がない。そこで現代の写真と対比しておめにかけることとした。

誰が酒を造るか

先ず誰が一体酒をつくるかの問題に入ることにしたい。ふしぎなことには、酒を実際につくるのは、酒屋の御主人や家族の人ではなくて、全く縁のない遠い他国からの出稼ぎ人、いわゆる「蔵人(くらびと)」とか、「酒屋もん」とか呼ばれている人たちの手にまかせ切ってあるのである。遠い昔は、一年中時をえらばずに造られていた酒も、江戸時代の末期、だんだん寒造りの優秀性が認められ、寒造りの一本にしぼられて来た。このことは冬期は仕事のない山間や、雪の多い地方の農民・漁民と利害が一致するため、酒造りの杜氏(とうじ)や蔵人が、その人たちの出稼ぎの場となったものと思われる。

丹波杜氏

これらの人たちは、ちょうど冬になると北の国から飛んでくる雁や白鳥のように、秋の取入れをすませてやって来て、春になると、ひとり残らず去ってゆくのである。昔から池田・伊丹・灘目(なだめ)などの酒造地の蔵人は、主に「丹波杜氏」といって、丹波の山おくの農民で占められていて、その記録は、今から二百余年前の宝暦年間(一七五一―六四)にさかのぼることができる。丹波の国は、耕地がせまい上に、江戸時代には十数回もの百姓一揆があったといわれる苛政地帯であったことなども、一つの原因と見られている。先の『日本山海名産図会』にも、伊丹の「愛宕祭り(あたごまつり)。この日酒屋の雇人、百日の期を定めて抱えさだむるの日にして、丹波丹後の困人(きゅうにん)多く輻湊すなり。」などとあるのを見てもわかる。

もちろん、今の蔵人は立派な一家の主人で、地所持ちやお金持ちも多く、お互いの間の礼儀などもことに正しい人たちである。そして丹波には丹波流、広島には広島流、そのほかの地方にも昔から何々流と呼ばれて、それぞれの伝統を誇る技法を伝えている。丹波や広島のほかにも、南部杜氏、越後杜氏、諏訪杜氏、能登杜氏、糠(ぬか)杜氏(福井県)、

出身地別杜氏数
（渡辺八郎氏による）

県名	昭37年	昭63年
長野	名 115	名 78
新潟	1,052	468
京都	28	9
兵庫	741	409
岩手	340	385
福島	11	—
秋田	68	47
青森	16	8
山形	55	39
静岡	17	—
石川	191	99
福井	81	30
広島	282	92
山口	112	41
岡山	254	65
鳥取	3	—
島根	106	70
香川	9	—
愛媛	139	49
高知	26	11
福岡	251	75（福岡・佐賀・長崎計）
佐賀	33	
長崎	18	
計	3,948	1,936

秋鹿杜氏（島根県）、熊毛杜氏（山口県）、越智杜氏（四国）、三潴杜氏（福岡県）、そのほか各地に蔵人の産地があり、これらの地方では、毎夏、お盆休みの楽しみもよそに、大蔵省の酒造技術の先生方から講習をうけて、熱心に技を競っているのである。

くらびとの組織

蔵人の組織は、杜氏の下に頭役という補佐役、その下に麹師（衛門、代司、大師、麹屋、室屋）という麹造りの、また酛廻という「もと」造りの係長格がある。また、道具まわし（二番ともいう）というのは、一切の酒造器具を管理する大事な責任者であり、船頭という名は、酒をしぼる酒槽の仕事の頭であるからであろう。これまでが主任級、それ以下は、釜屋という米を蒸す係、室子といって麹室で働く人、酛手子という「もと」造りの手伝い役、そしてそれまでが役人で、その下には、追廻しまたは働きという、新参者の手伝いがいる。これを下人（または、しもびと）といい、これに対して室子は中人、釜屋は上人などともいう。

冬の稼ぎ

これらの人たちは、ふだんは農事にいそしんでいるが、冬に近く田畑の仕事が一段落すると、休むまもなく、杜氏さんに招集されて、一〇人くらいずつ一団となって、故郷をあとに遠い他国へ出稼ぎに旅立つのである。ひと冬の稼ぎは、杜氏は一〇万から三〇万くらい、ふつうの蔵人は五万から一〇万円くらいといわれている。もちろん食費は主人持ちであり、またそのほかに春、酒造りが無事におわり、「こしきだおし」のお祝などや、造り終りの「皆造」のお祝もすんで、めいめいが待っている家族のもとに帰る時には、自分たちの造った名醸のほかに、たくさんの酒の粕のお土産もいただくわけである。蔵人としての収入は、一家の助けになるばかりではなく、蔵人の多い新潟県などは毎年、そのために数億円の収入がふえるといわれている。

近年多くの工場が農村に進出し、これらの工場がまた、冬閑期の臨時雇いの労働力をねらって工場の操作のスケジュールの組みかえをするというような戦術までとり出したために、蔵人の募集はだんだんむつかしくなり、次第に山奥へ山奥へと向う傾向にある。

酒庫のうちでの杜氏は、「親爺さん」とか「親方さん」とか尊ばれ、蔵人はその指揮によってそれぞれの職場を守り、上下の秩序がすこぶる厳重である。昔の酒造りは全く経験と伝統のみにたよらざるをえなかったから、一人前の杜氏といわれる人は、五〇または六〇歳というような老人が多かったが、今では高等学校出の若人や、大蔵省や県の試験場で修業を積んだ人たちが杜氏として活躍するようになってきた。また前には、酒屋さんは酒造りについては、全く杜氏まかせと述べたが、近頃は専門の大学出や、大蔵省の講習を卒業した酒屋の主人も多く現われて、直接に酒造りに関係する。また大きなメーカーには、必ず高等の専門教育をうけた幾人かの技師がいて、酒造りの科学的コントロールに万全を期するようになってきた。最近の酒造技術の大きな進歩はこのような人々に負うところが多く、また将来の日本の酒造りの合理化や大工業化の完成もまたこれらの人々の双肩にかかっているといわざるをえない。

水と名酒

昔から「名酒はよい水から生まれる」といわれているが、これは日本ばかりではなくて、万国共通のようである。イギリスの名醸ペール・エールを出すバートン地方の水、ミュンヘン・ビールの温醇な風味をかもすミュンヘンの水など、いずれもその水質でなくてはならないという理由が、多くの学者によって詳しく研究されている。日本でも古来の名醸地といわれるところは、すべて水のせいと思われていることは周知の通りである。実際に理屈の上からいうと、麴の力を強く出すのによい傾向の水もあれば、酵母の醱酵の方に大いに好都合のミネラルを含む水もあるわけである。ことに後の方の、酒の湧きの強い水のようなものは、丈夫な酒を造ることができて、酒の造りよい水として珍重されていたことも事実である。ただ、日本の酒では、前にあげた外国の例のように、「水のタイプ、すなわち酒のタイプ」というように、はっきりとした形で現われて来ないために、是非ともこの水でなければというほどの切実さがない。しかし、それは決して日本人の水についての知識が外国に比べ劣っているというのではなくて、日本人の日本の酒に対する要求が、バートンのエールや、ミュンヘンのビールのような特徴の甚だしい極端な酒質を目あてとしないことも大きな理由といってもよかろう。それゆえ、たとえば水質のうちの硬度をとりあげて見ても、一番高いとされている灘の宮水の硬度でさえ、最高八、九度にすぎないから、硬度が高い低いといっても、せいぜいそれ以下の範囲内のことであるのは、バートンの七〇とかミュンヘンの三〇とかの激しい値に比べれば、ものの数ではない。水と酒質との関係が、日本酒の場合にははっきりとしにくいもう一つの理由は、酒造りが西洋とはちがってすこぶる複雑であって、糖化と醱酵とが同じ槽の中で同時に進行するという珍しいやり方であるために、水質の影響が端的に現れにくい点にもある。それにもかかわらず日本の酒では、水について世界に例のない珍しい発見がなされているので、次にそのエピソードを御紹介しよう。

珍しい発見

時は大正のはじめ、或る冬の午後、所は四国丸亀の税務署の一室。はげしい酒造期の実地指導を前にひかえた大蔵省の技師数人が、ストーヴを囲んで、例年にない暖冬のために、それでなくても暖い南国土佐で盛んにおこっている酒の「早湧き」(醗酵が進みすぎて、糖化とのバランスがとれない現象)防止の話に花をさかせていた。そのうちの一人、川島という高知県の技師が、ふと言葉をはさんで、「それにしてもおかしいのは、わが県の佐川町の酒屋だけは、どんな年にも早湧きがおきたことがないが、あれは一体どういうわけだろうか」といいだした。それをきいて首をひねった一同のうちから、「それには何か特に他と変ったことでもないかい」という花岡という技師の問いに、「あまり特別のこともないが、強いていえば、あの町の井戸水には、硝酸塩が多く検出されるくらいのものだろう」という。「てっきりそれに相違ない」という花岡技師の意見に、その場にいた善田という技師が、早速本省の醸造試験所へもどり、硝酸塩を加えた水で試みたところ、予想にたがわず早湧きを完全に防ぐことがわかったのである。その後、その硝酸塩の作用について多くの研究が重ねられた結果わかったことは、早湧き防止の作用は、実は硝酸塩の直接の作用ではなくて、酒の中のバクテリヤの作用でこの硝酸塩が還元されて亜硝酸塩になり、この亜硝酸塩の毒作用が酵母のはん殖をおさえるということが判明した。しかも、このように硝酸塩から一時的に身を現じて亜硝酸塩となったものも、そのお役目がすむ頃には、硝酸塩もろともに酒中の乳酸菌や酵母にくわれて、自然に酒の中から消え去ってしまうというから、実に工合よくできている。しかし、西洋の醸造の本を見ると、亜硝酸は申すまでもなく硝酸塩なぞを含む水は不良水であって、醸造用水としては最も不適当な水であると書かれている。

先人の科学性

話は少し古くなるが、酒の水について、昔の日本人がいかに科学的にふるまったかという有名な話があるから、これも次に御紹介したい。

今を去る一五〇年の昔、灘の桜正宗醸造元の主人、山邑太左衛門さんは、灘の魚崎と、西の宮との両方に酒庫をもっていたが、西の宮の梅の木蔵の酒質が、いつも魚崎に優っていることに気がついた。そこで、これは道具のせいではないかというので、先ず両方の道具をとりかえてみた。それは不成功に終って、次は杜氏をとりかえてみた。最後に西の宮から水を運んできて、それで灘で酒を造って見たところ、はじめて同じ酒質のものを造り出すことに成功したという話。その後は二斗(三六リットル)入りの樽に水をつめて、牛車に引かせて灘に運んだ。「時人笑って狂という」という話である。これが現代も、灘の多くの酒造家が、「宮水」と称して、醸造期には、タンク自動車やモーター船で、一KL五〇〇〇円もかけて一冬に五〇万KLも買って酒を造ることになったはじまりである。

宮水の井戸．広い白砂の庭に清潔な井戸が散在する

宮水の正体

宮水は、西宮市の海岸から約一キロメートルくらいの地の、五―六メートルくらいの浅井戸に湧く水である。京大の松原博士らによると、この水は三方からの影響をうけて出てくるのであって、その一つは、近くの夙川(しゅくがわ)の伏流水が西宮戎神社の下あたりをぬけてはいって来たもの、もう一つの流れは、北の方、有馬や宝塚など六甲山の炭酸塩を含んだ礦水、最後の一つは、海から塩分を含んだ水が浸透してくる。これらの三つの水が、地下でまざって出てくるのがすなわち宮水であるという。

しかも、六甲方面から来る水には、がんらいたくさんの鉄分が含まれているが、これが酸素を多く含んだ夙川の伏流水によって酸化され、宮水の直下の地層に含まれる厚い貝殻の層を抜ける間に完全に除去されて出てくるということがわかった。そして宮水に多い燐酸や加里は、酵母の養分として工合がよいのであるが、これらも六甲山の燐灰石に由来するといわれている。

以上は一つの例として宮水をあげたわけであるが、いずれの地方でも昔から酒によいといわれている水は、よく調べてみれば、宮水のように、それぞれ興味深い理由も見出されることと思われる。酒造りに地質学や地層学の知識が大切であるということは、科学技術の上の広い関連性、したがって境界領域の学問のますます必要なことを物語るものので、まことに興味が深い。

加工水

竹村成三博士が、全国の名醸地といわれる所の水を調べた結果によると、一般に加里の多いことが特徴であった。加里は、申すまでもなく、酵母のはん殖に大切なミネラルである。このような酒造に大切な成分を水に加えて人工宮水、または加工水をつくることも、今ではふつうに行われているから、これで天下の名醸地も、すっかり解消の運命に逢着したかといえば、塚原寅次博士などによると、名醸水にはまだ説明しつくされないサムシングが残されている。そしてその力を測るにはその水で酵母を培養して、そのはん殖の工合を見るよりほかに仕方がないということである。

図のような手洗いは明治の頃まで．今は連続式水流攪拌洗米機を使う

とにかく、何事によらず未知の世界が残されているということは楽しいことでもある。

酒によい米

酒造に使う米は「うるち米」で、昔から摂津米、播州米または備前米などといわれて、大阪府の三島郡や兵庫県の川辺郡、武庫郡、明石郡、加東郡、また岡山県赤磐郡あたりでできる、大粒の軟質米が一番よいとされている。これはおそらく麹がつくりやすく、また「もろみ」の中で溶けがよいためであろう。しかしこのような米は、だんだん各地にできるようになり、防長、伊勢、讃岐、肥後、秋田、広島、庄内米など、戦前は朝鮮などにもよい米ができた。戦中戦後の混乱時代には、米の種類にぜいたくなどいっていられなくなって、だんだん各地の地米の中にも好適米が見出されるようになってきている。醸造試験所の研究によると、米国の加州米なども、使いようによっては好適であるという。

精白の程度

酒質に一番関係の深いのは米の精白の程度であることはすでに前にも述べたとおりである。酒造に白米を使うことは、世に伝わるように決して文禄・慶長の頃にはじまったことではなく、室町時代の文献にも、または『延喜式』の中にも、それと思われるような記載を見ることができる。しかし諸白（もろはく）とか、片白（かたはく）とかいって、それを酒質の宣伝に使い出したのは江戸の極く初期以来のことである。その頃の精白の程度はどんなものであったか、おそらく今の飯米の程度の八分搗（つ）き（八パーセントの目減り）くらいのところではなかったかと思われる。その証拠には、前述の山邑太左衛門さんが、天保年間に三日三晩水車で磨ぎ上げた上白米を使って酒を造ったところ、これまでに見られなかった上酒ができて世をおどろかせたという話があるくらいである。今の酒では戦争中に全国の酒米の精白度が平均一割五分内外に下ったほかは、おそらく二割以上のものがふつうに使われていると思う。少しよい酒を造ろうと思えば、今でも四割、五割はふつうのことである。軽い精白によって、皮の部分の礦物質や、油脂や、糠の蛋白質などの酒造によろしくない部分が除かれることはわかるが、そのような

甑（こしき）で蒸し上がった米を掘り出して運ぶ

極端な精白がなぜよいとされるのか。おそらくは米粒の形の水に対する作用などの物理的性質の問題ではないかと思う。このような極端な精白は明治、大正時代、横置円筒式の連続精米機が使われた頃は、平たい形の白米ができるので、極度の精白必ずしも貴ばれなかったが、昭和のはじめ竪（たて）型臼式の精米機ができて、精米が粟粒のような円い形に仕上るようになって以来の話であることからも推察できる。

酒庫は夏も冷んやり

酒を造る工場、すなわち酒庫（酒蔵）は、壁を厚くした高い建物で、窓などは、なるべく小さくして、中へはいると夏でも冷んやりと感ずるようになっている。この蔵は冬は酒を造る場所であるが、春から秋にかけては、酒を貯蔵するのに使われるので、外気の温度の影響をなるべくさけるようにしてある。近頃のものは、コンクリート造りで、三階にも四階にもなっていて、窓も大きく、酒を貯蔵する場所は別にその一部に涼しい室や冷凍室をつくってある。

甑(こしき)は底に穴のあいた桶で，底から蒸気を吹きこむ．今も変りがない

麹室はあたたかく

冬のはじめ、蔵入りした蔵人たちが、先ず取りかかる仕事は、桶や器具の手入れ、洗いと、麹室(こうじむろ)の築造である。今では酒造の容器は、全部ホーロー引きやアルミニウムやステンレス・スチールになったので、それほどの苦労もないが、以前は杉の桶だったから、寒風に裸になっての桶洗いは、桶洗いの歌の文句にもあるとおり、「可愛いお方の流しの時は、水も湯となれ、風吹くな」というような、つらい仕事であった。麹室の構造は

麹室に蒸米を運びこむ．室の中には麹蓋が見える

二重壁の室で外壁は煉瓦やコンクリート、内壁は板張りで毎年とりはずし、両壁の間に、保温材の藁や籾殻などを、泥まみれになってつめかえなければならない。しかし今はそのかわりにアルミニウムフォイルや、ウレタンフォームなどの合成樹脂やコルクの保温材を使って麹室の毎年の築造の手間をはぶくところも多くなった。

酒造りの三段階

酒造の工程は三段にわかれている。その第一が麹造り、第二が酛(または酒母とも書く、醸母とか酵母とかいうのは、これとは別で、イーストという微生物の一種の名前である)、第三が醪(または「造り」ともいう)工程である。そして麹は米に麹菌を生やして酵素(またはエンザイムなどともいう)を造らせる工程、酛は酵母を純粋に培養する工程、醪は

今の麴室は天井も高く広いから操作がしやすい

その酛を土台にして、これに米と麴と水とを三回にわけて順々に加えていって、だんだんその量をふやしながら、醱酵をはこんでゆく工程である。そして醪は、六尺桶、すなわち約三〇石〔五四〇〇リットル〕の容積の杉の大桶か、アルミやステンレスやホーロー引きの鉄タンクに仕込まれる。近頃の大工場ではその一〇倍もある大タンクも現れた。それが蔵一ぱいに並んで、醱酵がすんで酒になったものや、まだ麴と蒸米のつぶつぶが一ぱいにもりあがったままの初期のものまで、いろんな段階のものが、いろんな泡の形を表面に浮べて、立ちならんでいるありさまは、まことに壮観である。

ため桶は蒸米や水を運ぶのに使われる

一麴、二酛、三造り

麴造りの工程は、「一麴、二酛、三造り」といいならわされているように、酒造りの工程のうちでも、一番大事な、むつかしい仕事である。ビールの場合には、麴にあたるのが麦芽(大麦のもやし)であって、そちらでも「麦芽はビールのたましいである」といわれているのは面白い一致である。

麴は米に麴菌というカビをはやしたもので、よく店頭で見られる木の浅い箱(麴蓋（こうじぶた）)にはいった、あの甘酒用の麴と似たものである。ただ酒の麴は若いために、あのように白い毛が立たないで、一見ただの米粒のように見える。麴を造るには、米を蒸して「ひねりも

今も使われている江戸の名残りの桶類．半切(はんぎり)は酛の仕込や酒受けに

ち」という、手びねりで餅ができる程度に、やわらかくなった時に、麹室に入れ、種麹(たねこうじ)という麹カビの胞子をまぜて、一升ずつ麹蓋にもり、摂氏二五度くらいに保っておくと、四〇時間くらいで麹になる。

酵母をそだてる

次に酛(もと)であるが、麹は米のでんぷんを甘い糖分にするために使うのに対し、酛はその糖分の液の中に、酒を醗酵する酵母(イースト)という菌を、雑菌をまじえずに、なるべく純粋に生やす仕事であって、文字通りの酒の「もと」をつくる大切な工程である。「もと」をもとにして酒の醗酵がスタートするのであるから、英語ではこれをスターター(starter)と

酛造り．半切桶に分けて，冷ましたり混ぜたり

もいう。この何万、何億とも知れぬ雑菌のうようよしている世界で、どうして、日本酒酵母だけを純粋に生やすことができるかというわれらの祖先の発明した不思議な魔術のたねあかしについては、後にゆずることにして、ここではいろんな「もと」のつくり方について簡単に説明したい。

生　酛

「もと」の造り方は、今では二つの流儀があるといえる。その一つは、「生酛（きもと）」といって、江戸時代に、伊丹、池田、灘などの地方で長い間に完成された方法で、もう一つは明治になってから昔の方法を合理化した方法で、ふつう「速醸酛（そくじょうもと）」といわれる方法である。現在では、全国の酒屋を通じて、生酛系の山廃酛の酒はだんだん減

今はずらりと並ぶホーロー引きの酛タンク

って大部分の酒は速醸酛で造っている。そこで、古来代表的な生酛を造る手順を、ざっと次に御紹介する。

歌は時計

先ず「生酛（きもと）」を造るには、半切（はんぎり）と称する平たい「たらい」に、十分冷えた水をいれ、これに麹をいれてかきまわす。これを水麹という。その中へ、これも十分冷やした蒸米を加え手でかきまぜる。水分がすっかり米と麹に吸い込まれた頃に、櫂（かい）をそろえて作業歌にあわせながら磨りつぶす。酒造りでは、いろんな工程で歌をうたいながら操作をする昔からのしきたりがある。これは、一つには蔵人の元気を鼓舞することもあるが、そのリズムで操作のスピードを調節し、

醪(もろみ)の仕込み．２階のこも包みは酛桶

その長さで操作の時間を定める、砂時計のような役目がある。そこで酛磨り歌は、

「とろりとろりと今する酛は、酒に造りて江戸へ出す。江戸へ出しても名取りの酒は、酒は剣菱男山。むすめ髪結うて桜の下に、どれが花やらむすめやら」

酛すりの操作を「山卸(やまおろし)」ともいい、この操作が、なかなかの重労働なので、明治になってから、これをやめたのが山卸(やまおろし)廃止酛(はいしもと)(山廃酛(やまはいもと))である。

酛すりを終えて後、いくつかの半切の内容を今度は、背の高い二石(三六〇リットル)くらいの桶の中へ合併する。この桶のことを壺代(つぼだい)と呼ぶのは、鎌倉時代の頃までは、おそらく桶ではなくて壺を使っていたので、それのかわりという意味かもしれない。とにかく酛は、この壺代の中で育ってゆくのである。壺代の中へは一日一回くらいの割で、熱湯を小樽（今はステンレス製）につめた、一種の湯たんぽ（これを「暖気樽（だきだる）」という）を入れて、少しずつ温度をあげてゆく。その間にだんだん甘味がふえて、ふつうの甘酒より甘いくらいになり、乳酸菌がはん殖して酸味も出てくる。一七度前後で酵母がやっと目につくほどの活動をはじめ、酛の表面にぶつぶつと泡が立ちはじめる。これを「湧きつき」という。湧きついてから三昼夜内外で、甘味が減って、酸味とアルコールの辛味とが強く出て、酛の味が熟して来る。これで酛の出来上りで、はじめから大体一ヵ月くらいである。

今の醪（もろみ）にはホーロータンクを使い，まわりに足場がある

いろいろな酛

速醸酛は、生酛（きもと）や山廃酛のように、乳酸菌を

醪の圧搾は重石による

そだてて酸味を出すかわりに、仕込水に乳酸を加え、その上に純粋に培養した日本酒の酵母を加えてスタートさせる。出来上った酛は、アルコールはふつうの酒よりは幾分低いが、酸は三―四倍も強く、その一グラムの中には生きた日本酒酵母が二億―三億もすんでいて、他の雑菌の姿はほとんど見られない。

醪造り

酛が出来上ると、いよいよ酒造りの本段といわれる、醪(もろみ)の工程となる。蒸米と麹と水とを、酛に三回に分けて加えてゆく操作で、第一回を初添(はつぞえ)(または単に添えともいう)、第二回目を中添(なかぞえ)、第三回目を留(とめ)添(ぞえ)という。初添のあとのなか休みを踊(おどり)という(一四二頁の工程図参照)。

泡はうつろう

留添から数日たつと、醪の面が軽い泡でおおわれるが、こ

今に残る昔のままの圧搾風景

れを「水泡（みずあわ）」という。次いで泡が濃さをまして、岩のようにもり上り（「岩泡（いわあわ）」）、さらに泡のきめが細かく濃厚になり、全面をおおうようになる。これを「本泡（ほんあわ）」といい、さらに高くなってタンクからあふれそうな「高泡（たかあわ）」となる。数日後には泡の高さがだんだん引いて「引泡（ひきあわ）」が醪の面に落ちつく頃になると、大きな丸い玉のような泡が全面に浮んでくる。これを「玉泡（たまあわ）」という。その泡の膜に酵母が一ぱい含まれてつや消しのように見えるのを、玉泡が霞むという。玉泡が消え去って醪の表面が泡の残滓のうすい膜でおおわれたものを、「蓋（ふた）」とか「地（じ）」とかいい、醱酵の完了を意味する。

醪の圧搾．今はすべて水圧による

圧搾から火入れ

醪は二五、六日内外で醗酵を終るから、その時に、袋に入れて、これを「酒槽」の中に積み、上から圧搾する。圧搾機は近頃は連続式のものも使われる。このようにして出て来た酒は、米のとぎ汁のようにうす濁りの、いわゆる新酒で、これを貯蔵桶(今はホーロー引きタンク)に入れておくと、濁りは底近くへ沈むから、桶の底に残った滓酒を残して上澄を取る(おりびき)。滓酒は昔はそのまま濁り酒の一種として市販されて、一部の酒徒に珍重されたが、今は濾過機にかけるので、これは出なくなった。おりびきされた酒は四月上旬頃に火入れをして、貯蔵タンクに入れられて熟成の眠りにつくのである。

いわゆる「アル添酒」の場合には、しぼりあげの前の醪に、アルコールだけを、また「増醸酒(三増酒)」の場合には、アルコールのほかに葡萄糖、水飴、コハク酸、乳酸、味の素、ミネラルなどを加え、混ぜ合せて後しぼるのである。

次に戦前の酒造期の酒庫の実際のありさまを、田中終太郎氏のお話からしのんでいただくことにする。戦後は労働基準法により操作はずっとらくになった。

酒蔵の一日

「現在の酒造りは、冬季の寒冷な気候を利用して醪の仕込を行うものでありますから、寒い日が続けばそれだけ好都合なのです。厳冬のもなかにも時には小春日和のような暖かさがあるものです。そういう時には人々は『暖かくて結構ですね』と挨拶するところですが、酒屋さんには向きません。『暖かくて困りましたね』といわねばなりません。夜明け近くなって、枕元をしんしんと寒さが襲い、思わず首を引きこめるくらいでなければ喜びません。かような寒中の午前四時、庫内全員起床いたします。冬の午前四時といえばまだ夜中です。この時分全員起床といえば随分早いとおどろく人もあるでしょうが、これよりまだ先に起きて、全員が起床したらすぐに仕事にかかれるように準備しているものがあると聞いたら、一層おどろくことでしょう。それは蒸米係の釜屋さんと、その助手の添番(そえばん)です。この二人は、午前二時頃にはもう起きて、釜の下に火をつけ、その日の仕込に使うため水に浸漬してある十何石という大量の米を蒸すのです。その日その日の蒸米のでき加減で、麹の成績、酛の力、酒のできばえが異なってきますから、釜屋の責任は重大です。炎々ともえ盛る火の加減、もうもうと立ちのぼる蒸気を見つめて、一心不乱に良い蒸米を造ることに苦心しているのです。さて午前四時、起床した全員は、全く一服の煙草をのむひまもなく、その日の仕事にとりかかります。先ず前夜から寒風に冷やしてある水を仕込桶に汲み入れます。凍るような冷たい水に腕をぬらし、これを担いで運搬しては、その飛沫に全身をぬらして働きます。水を汲みおわった桶には、次に麹を入れます。麹を入れて攪拌し、温度を適当に調節して、その日の仕込の準備をいたします。その間およそ一時間以上も要しますので、手も足も感覚を失うほど冷えきってしまいます。この仕事が終る頃には、蒸米が出来上る時間となります。蒸米の出来工合をしらべるために、釜屋さんは甑の上部の蒸米をとって、いわゆる「ひねり餅」をつくります。それは、甑から出したままの熱いうちに、蒸米を手早く手の平でもみつぶすのですから、特殊の技術を要します。そしてそれを杜氏に献上しますので、一名「献上」ともいわれます。杜氏はそれをうけとって、その香気、その味、手ざわりなどを丹念にしらべ、米質の硬軟、蒸米の出来工合などをしらべた上、十分蒸せていることを確かめて、甑出しを命じます。命令一下、各々その部署について活動が開始されます。すなわち、甑の中に入って蒸米を掘り出すもの、その蒸米をむしろ

ひねり餅の工合

釜屋さん

に受けて拡げるもの、拡げた米を手入れして冷却するものなど、それぞれ一心不乱、息つく間もない忙しさです。麹にする蒸米、酛に仕込む蒸米、醪の添、仲、留の仕込に使用する蒸米、それぞれの用途によって蒸米を区分し、適当な温度に冷却してから、麹米は麹室に取り込み、酛米は酛に仕込み、掛け米は添、仲、留の順序にそれぞれの桶に仕込をするのですが、その仕込時の忙しさは特別です。寒いの、眠いの、くたびれたのといってはいられません。夜明け近くの、室温の一番降った時間を利用して仕込をするのですから、ぐずぐずしてはいられません。しかもその仕事は、忙しい中に細心の注意を要するのです。蒸米の冷却温度、仕

醪を検する

蒸米を冷ます

込温度など、間ちがいのないように十分心を配るのです。世に拙速という言葉がありますが、酒の仕込は最も巧みに早くやらねばならないのですから大変です。こうして朝の大仕事を終り、仕込をした桶に対して清めの切り火をいたします。朗々と伝わる祝詞の声、かちかちと冴える切り火の音、酒庫の中は一入神聖な気がみなぎります。こうして朝の仕込を終り、跡を片づけ掃き清めて朝飯をたべる頃に、漸く空も明け放たれ、隣近所の家々でも、早起きの女中さんがおき出します。一般の人々はまだ床の中で見果てぬ夢を追うている時、すでに蔵人たちは朝の一仕事を終っているのです。朝飯後は囲炉裏を囲んで暫しの休息。この時頭

ステンレス・スチールの自動製麹機

役は、その日のなすべき仕事の大要を杜氏から聞き、それぞれ今日の仕事の分担をきめます。これがきまると、直ちにまた総出動です。朝の桶洗いに出るもの、醪の搾りあげにかかるもの、麹室の仕事に従うもの、それぞれの仕事が待っております。桶洗いに出るものは、ほとんど半裸体になって外にとび出し、全身を濡らして桶を洗い清めます。こうして各自は昼食時まで、あるいは酛や醪の櫂入れに、麹の仕事に、あるいは翌日の原料米の米磨(と)ぎにというふうに、次から次へと仕事の山積、ほとんど休むひまもなく働きつづけます。一一時から午後一時までは昼食と昼寝の時間、蔵人たちは夜間の仕事が

酛(もと)はこのステンレス・スチールのタンクの中で育つ

多いので、昼寝をするのが例になっています。その時間は二時間ですが、実際はこの時間中に、昼食をたべたり、洗濯もせねばならず、時には不意の用事もできて、睡眠時間は一時間くらいに短縮されるのが常です。時には仕事の都合によっては、この待望の昼寝の時間さえ犠牲にせねばならないことがあります。午後一時昼寝おき後は、午前中の仕事のつづき、あるいはまた新酒の移動、おりびき、桶そのほか小道具の洗滌、仕込水の汲みあげ、麴の仕事、酛や醪の櫂入れなど、その時々の仕事に追われ、午後三時の休憩もおちついて休む暇もありません。こうして午後五時頃、その日の仕事を終り、一

醪の醱酵もステンレス・スチールのタンクの中で

風呂浴びての夕食後、全員そろって粕(かす)剝(むき)です。かすむきというのは、前日槽掛けした醪が、もはや酒が出なくなるまで十分圧搾されていますから、その粕を袋から一枚一枚はがして取出すのです。なにしろ七、八百枚からの袋ですから、なかなか時間を要します。これが終ってすっかり後片づけをすませ、全員そろって囲炉裏のそばに集るのが午後七時です。この集会部屋を、会所部屋、会所場または広敷(ひろしき)といいます。それから就寝の時間であり、各自に与えられた自由の時間でありますが、全部そろって寝につくのではありません。いかなる日でも不寝番というものがあります。即ち、就寝前に一同そろった

庫中の製麹や醱酵の温度や湿度はすべて
1室でコントロールする

ところで、頭役がその夜の当番をきめ、何時から何時までは誰々というふうに、ふつう一組を二人くらいとして一晩中の番を割り当てます。いかに眠くとも寒くとも、その当番時間中は、全責任を負って庫うちの夜の仕事に従います。酛の仕事、醪の泡番、櫂入れなど、夜中でもなかなか仕事が多いのです。ことに麹の仕事は、夜間の仕事が多く、たとえば、午前四時には麹の盛(米を麹蓋に一升ずつもりこむ仕事)、五時頃には次の麹米の引き込み、八時には床揉(米にたね麹を加えてもみ磨る仕事)、つづいてその朝盛った麹蓋の積みかえ、午後一時には仲仕事(麹蓋の内容物をかきまぜる仕事)、四時頃にはふたたび積みかえ、六時には仕舞仕事、夕食後の八時には、その日に引き込んだ麹の切り返し、夜の九時には積みかえ、そして夜中の一時か二時に出麹(でこうじ)(麹室から出来上った麹を出す仕事)というふうに連続的な仕事です。しかも各仕事は、三〇分から一時間を要しますので、殆んど不眠不休の活動です。」

以上は各地の酒庫の現在もなおよく見られる風景であるが、これを最後に出した最新の機械化工場の写真と比べて見ていただきたい。一体いずれが良酒を造り出すことになるか、能率や経済性のみから割りきれないところに、酒造りの道のむつかしさも面白さもあるわけであろうが。

第六話　カビの力

麹と麹菌

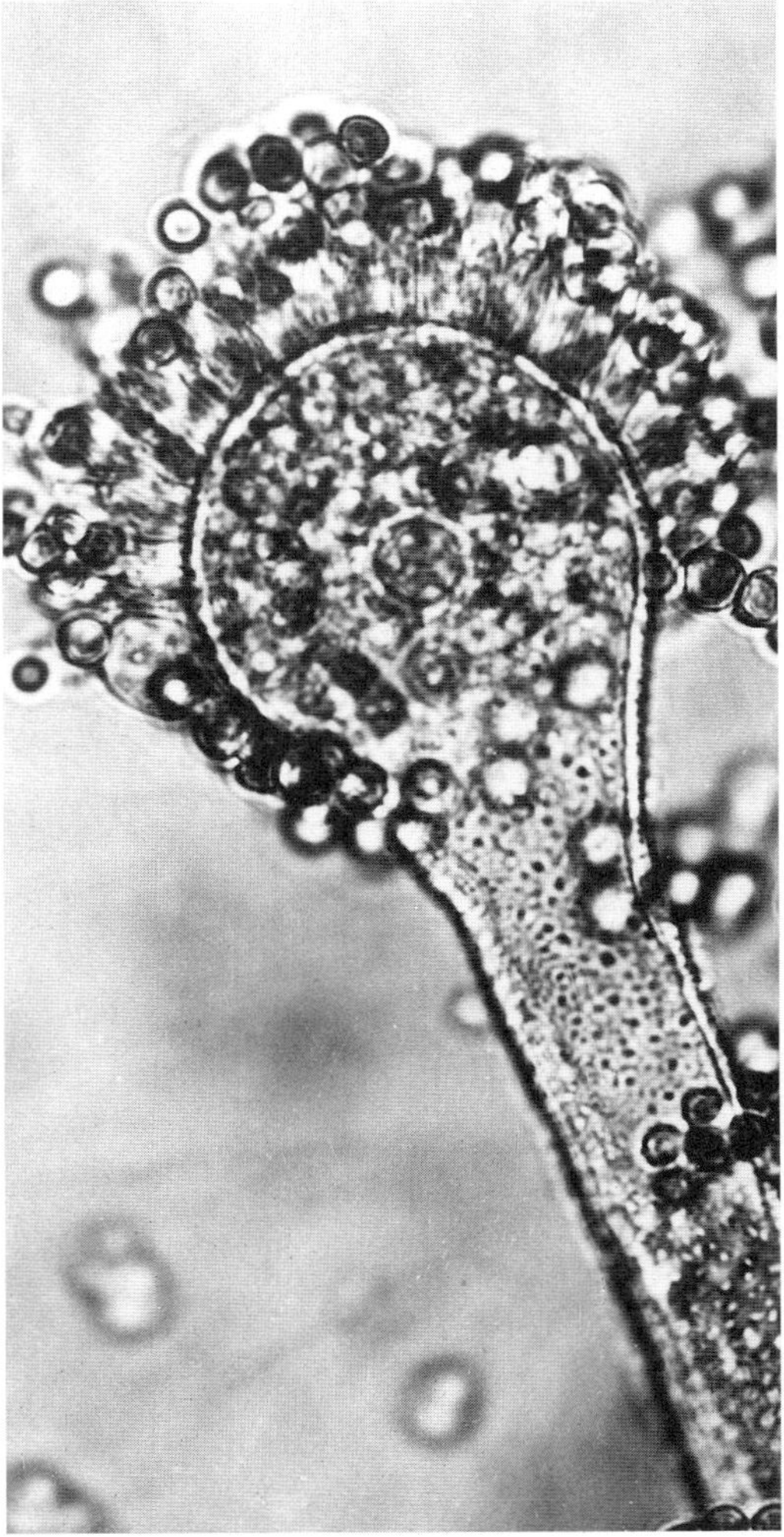

麹菌の顕微鏡写真。分生胞子頭。約八〇〇倍

技術輸出第一号

戦後の日本経済の発展の目ざましさは、世界でも珍しい例であるといわれている。それには、わが国の技術の進歩が、大きな力となっていることは申すまでもない。しかし、よく調べてみると、その大きな進歩のうらには、諸外国から技術を導入するために年々支払わなければならぬ莫大な金があることを、見のがすわけにはゆかない。技術導入は一切よろしくないという、頑固な技術攘夷(じょうい)論をふりまわすわけではないが、なるべく片道通行とならずに、それにおとらない技術輸出があってほしいものである。

明治時代のわが技術輸出の随一は、「リキシャ」すなわち人力車であるといわれている。それはともかく、そのような明治時代に、欧米の人をおどろかした新技術が、わが国から米国に輸出されたことを知る人は少ないであろう。それは何かといえば、わが麹の方法、すなわち高峰譲吉博士による日本の酒造技術の輸出である。

高峰式ウィスキー製造法

高峰式ウィスキー醸造法が、米国シカゴのフェニクス社の認めるところとなり、時の実業家渋沢、益田等の後援によって海を渡ったのは、明治二三年(一八九〇)のことである。その時の一行は、博士夫妻のほかに、酒造杜氏藤木幸助ほか一名の四名であった。博士は、明治一二年(一八七九)に工部大学を卒業してから渡米するまでの間、農商務省御用掛として清酒醸造の研究に従事していたのである。博士たちがシカゴに着いてはじめた仕事は、小麦麩(こむぎふすま)で麹をつくり、これで玉蜀黍を糖化して醗酵させ、蒸溜してウィスキーにすることであった。今でも、アメリカのウィスキー原料は玉蜀黍である。幸いにして、苦心を重ねた試験のあげくに、りっぱなウィスキーを造り出すことに成功した。

ペオリヤに大工場

この話が、当時アメリカ産ウィスキーの九割を造っていたウィスキー・トラストの社長グリーン・ハット氏の耳に入り、同氏の援助で、試験工場をウィスキーの名醸地として知られた、シカゴ南方のペオリヤに移し、三年後には、一日三〇〇〇ブッシェルの玉蜀黍をこなすほど大きな規模になった。ところが、このような成功の報に、一番大きなショックをうけたのは、ウィスキーの原料である麦芽をつくっていた製麦業者である。全米のウィスキーが万一麹法に切り変えられれば、今まで使っていた麦芽は不用となり、従って彼らは全く失業してしまわねばならないから、一斉に立ちあがって、この新しい醸造法の排撃にのり出した。アジビラは工場の内外にまかれ、ついには博士たちの夜間の外出が危険にさらされるに至った。そのような状態が続いたある一夜、忽然として工場の一角におこった猛火は、わずか数時間にして、全工場を灰燼に帰せしめたのである。

そのような大さわぎの中でも、六ヵ月後には新工場が再建され、ハット社長はトラストの全産額の五〇パーセントを日本の新法で生産する計画を立てた。しかし、不幸にしてその立案の三週間後に、遂にカタストローフがやって来た。それはトラスト内の製麦業者の運動が功を奏して、アメリカ政府が会社の解散と、その三ヵ年間にわたる政府管理とを命令し、博士の雄図は完全にとどめをさされるに至ったのである。

筆者は今から一五年前に、ペオリヤに、その規模が全米一といわれるハイラムウォーカー社のウィスキー工場を訪れ、「ここがドクター・タカミネの工場のあったところである」と示された時、往年の博士の雄図をしのんで、まことに感慨無量であった。博士の仕事が順調にはこんでいたら、アメリカのウィスキーは明治以来ことごとく日本の焼酎の製法になっていたはずである。まことに惜しまれてならない。

高峰博士は、実に不屈の精神の持主であったから、苦境のうちにも、麴法を利用して、禍いを転じて福となすような大きな新発明を生み出した。タカジアスターゼという酵素製剤がすなわちそれである。その時代でも、胃の中で食物が消化されたり、澱粉が甘い砂糖になったりする現象は、酵素というものの作用であることはわかっていた。そして、そのような酵素をはじめて、粉末の状態でつかまえることのできたのは、博士の時代より少し前のフランスの学者の業績であったのだが、その後この方面では大した進展もなかった。

ところが博士は、ウィスキーでボイコットされた麹を、水で浸出して、これにアルコールを加え、出てくる沈澱を集めたところ、その粉末は、今まで世界の学者の経験したことのないほど強力な酵素作用を示すことを発見した。

タカジアスターゼの誕生

このようにして、麹法による大工場組織で造り出されたタカジアスターゼは、その後世界中の学者の研究材料となり、新しい酵素の着想を得た場合には、先ずこれをタカジアスターゼの中に求めるのが常法とされるようになった。そのために、現在までにタカジアスターゼのおかげで発見された新しい酵素の数は、実に五四をかぞえることができ、有名な酵素学者のオッペンハイマー教授をして、「タカジアスターゼは実に酵素の宝庫である」と嘆ぜしめることになった。

「酵素の宝庫」

世界の酵素化学はこのもののおかげで軌道に乗り、ひいては最近の目ざましい生化学発展の大きな礎石となったのであって、しかも、博士のおかげで、わが祖先以来酒造りに使って来た麹菌の大きな力が、世界の学者の前に花々しくデビューすることになったわけである。この酵素剤は、学界に大きなサービスをしたばかりでなく、医薬としては申すまでもなく、その後の世界各国で生まれて来たたくさんの酵素工業のさきがけとして、それらの基を開いたのである。

そこで本章では、このようなすばらしいカビ、麴菌とは一体どんなカビであるかについて少しく御紹介して見たいと思う。科学に弱い読者諸君には、さぞかしごめいわくと思われるが、日本酒の「たましい」の話なので、しばらくのごしんぼうを願いたい。

すばらしいカビ

カビは「カビの生えた人物」などと、昔からあまりよい例には引かれておらず、人類のにくまれもののうちに数えられている。もっとも近頃は、カビよりもっと下等な細菌(バクテリヤ)による伝染病が、いろいろな抗生物質のおかげでだんだん少なくなってきたすきをねらって、カンジダ病などという「下等なカビ」による病気がはやるようになって来たから、文字通りの「カビの生えた人物」も昔よりは幾分ふえてきたのは事実である。カビは、皮膚に生えれば頑固な水むし、いんきん、たむしなどを引きおこし、肺や気管にとりつくと、結核よりさらに厄介な病気にもなりかねない。とかくカビの病気はなおりにくいというのが、医者の意見である。しかし、このようなことは、いわゆる病源性のカビの場合であって、わが麴菌のような有用菌にとっては、まことにめいわく至極である。

ずっと以前に、アメリカのチャールス・トムという、有名なカビ学者から意外な手紙がきたことがある。それは「お前の国では麹菌を使って酒や醤油をつくっているが、そんな仕事をやっている工員の間に、何か特別の病気がありはしないか」というのである。そこでそれらの工場、ことに醤油の工場の麹室（こうじむろ）のように、朝から晩まで、もうもうたる黄色い煙のような麹菌胞子がとび立つ中で働いている人たちについて、昔からの話や、また医者にも相談したりして調べて見たが、いずれも常人にまさる健康体が多く、「特別な病気」を見出すことができなかった。カビという重宝なものを使うことを知らない西洋人には、気味のわるいものに思われたのも無理はないが、前述の高峰博士の場合なぞにも、あるいは中傷の好材料とされたかもしれない。彼らはカビでできるチーズなどを毎日愛用しているくせに、醤油や味噌や酒などを気味わるがって排斥していたのである。近頃では、いろいろな抗生物質がカビでできるようになったため、麹菌よりはよほどいかがわしいカビまでが方々でちやほやされている。このように、カビを使う生化学工業が時代の寵児になっては、さすがの西洋人も、今では全く文句もつけられない状態である。

餅のカビ、青カビ　読者諸君が、カビに一番親しまれる機会の一つは、お正月の餅であろう。カビは液体よりは、しめった固体によく生えるから、餅や蒸した米などは一番の好物である。餅に生えるカビのうちで、青い色をしたのは青カビ(学名、ペニシリウム)といって、一九二九年にイギリスのフレミング博士が、偶然にこのカビの生えている近くには、わるいバクテリヤが生えないことを見つけたのが、ペニシリンの発見となった。

これと同じ事実は、この時より五〇年くらい前に、東大の古在由直博士も報告されている。今から考えると、まことに残念なことには、折角の大発見であったのに、その理由についての古在博士の解釈が、フレミング博士のように、〝カビがバクテリヤに対する毒物を出すため〟と見ずに、〝青カビのはん殖によって、そのまわりの養分が使われてしまうから他のバクテリヤが生えない〟というところにあった点である。これも、場合によっては、決して誤った考え方ではなく、むしろ、よりあたりまえな見解ではあるが、一つの現象に対する見解の相違が、学問の将来の展開にどんなに大きな影響を及ぼすかということがこれでよくわかる。しかもこのようなことは、単に学問の上ばかりではないことは申すまでもない。

チーズにつくカビ

フランスのロクフォール、イタリヤのゴルゴンツォラ、デンマークのデニッシュブルーなどという一面に青カビの生えた塩辛いチーズはもちろん、真白に見えるチーズでも、これは青カビの特徴ある青い胞子がつかないだけで、もともと同じものである。チーズでは世界一といわれているノルマンジーのカマンベールチーズはこの白い方の種類である。

パリのパスツール研究所という、微生物学研究では世界の草分けになっている研究所では、ロクフォール用の「青い青カビ」と、カマンベール用の「白い青カビ」との純粋培養をつくって、「たね」として業者に売り、相当な財源になっているという。

黄変米の正体

カビの生えた餅の地肌が、赤や黄の色とりどりになることがあるが、これも青カビの出す色素のしわざである。一時大きなさわぎをおこした例の黄変米も、ペニシリウム・シトリヌムという青カビが出す、チトリニンという黄色い毒性の色素のせいである。よく調べて見ると、この黄色い方よりは、むしろなにも色素を出さないペニシリウム・イスランジクムという青カビの方が、強い肝臓毒を出すことが判明した。今では、容易にこれらのカビを見つけ出すこともできるし、この毒カビの本源地であるタイやビルマの田圃や、精米場や、倉庫の中まで歩いて、カビのくわしい経路をつきとめてあるので、もはや心配はない。

黒カビと黒麹菌

黒カビは真黒な胞子をつくるから、集落全体が真黒に見える。これも餅によく生える。西洋の学校では、カビの実験教材によくこのカビが使われる。湿ったパンを放置しておくと、あちらではこれが一番よく生えるからである。

もちろん西洋だからといって、ほかにいろいろなカビがいないわけではない。その証拠には、むかし船旅のはなやかであった頃、西洋帰りが、インド洋あたりにさしかかるとたんに、あちらで買った服や器具の中まで、点々といろんなカビが顔を出すことを経験された人も多いと思う。

日本で麹菌といっているカビの中にも、「黒麹菌(くろこうじきん)」という特別な麹菌があって、沖縄の泡盛、鹿児島および宮崎地方の芋焼酎、八丈島の焼酎などは、このカビでつくられる。このカビも濃い黒褐色で、一見黒カビと似ているが、よく調べると全くちがった種類であることがわかる。しかし、カビに親しみのうすい欧米の学者には、その区別も知らない人が多いので、とんだまちがいをする人もあって、それらの啓蒙には、全く苦労させられるのである。

青カビ・黒カビのみわけ方

生えているのを肉眼で見ると、青カビと黒カビとは、ただ色がちがうだけだが、これを顕微鏡でのぞくと、胞子のつき工合が大変ちがうから、どんなしろうとの人にも、すぐに区別ができる。たとえば、青カビは手の平を拡げた場合の一つひとつの指先に、団子の串ざしのように胞子がついているのに、黒カビの方は、握りこぶしのように先のふくれたものの全表面に、細長いいぼのような小枝がぎっしりと放射状に生えていて、その先に団子の串ざしが長々とついているからである。それゆえ、形の上から青カビの方は「筆状カビ」とか「箒状カビ」とかいわれているし、黒カビの方はフラスコ形のビンをさかさまにしたように見えるから、「瓶子状カビ」などとよばれている。

西洋学者の麹菌研究

酒に使う麹菌は黒カビと似た形をしているが、その色が黒ではなくて、いろいろなニュアンスをもった鮮やかな黄緑色であるところが異なっている。そしてその学名は「アスペルギルス・オリゼー」すなわち「米のアスペルギルス」とよばれている。

麹菌がはじめて西洋人の目にふれて、この名前をもらったのは、今から約一〇〇年くらい前のことである。当時ヨーロッパ人の東洋探求熱がさかんであって、ジャワに来たオランダの役人や、東洋帰りの船員などから、日本の酒の麹を手に入れた有名な学者による日本の麹菌の研究が続々と発表されている。

ところが、まことにふしぎなことには、それらの学者が〝これは麹菌だ〟といって学界に発表したカビの形や色が、おたがいに似ても似つかぬ姿をしていることである。さぞかし、当時の西洋の学界は、これらの報告をながめて、はたしてどれが一体ほんとうの麹菌だろうと、首をひねったであろうと想うと、おかしさのこみあげるのを禁じ得ない。

どうしてこんなことになったか。その答えは至極簡単である。実は、日本で大昔から酒屋の麹に生えている麹菌というカビは、決して単一の菌ではなくて、数十あるいは、見方によっては数百種といってよいくらいの、大体の性格は似ているけれど、細かいところのすがた、かたちや、性能が、いろいろに異なった多数の菌株（きんかぶ）の一大群から成り立っているということである。

それにしても、このようなたくさんの変った麹菌をふくむ材料を使いながら、昔の西洋の学者諸君が、なぜめいめい一種類ずつしか分離しなかったのか、まことにふしぎにたえない。はなはだ失礼であるが、群盲象を探るの珍景が、おのずから心に浮かぶ想いがする。

麹菌はカビの大群

高等の植物では、たとえばある植物の原産地を推定する場合の大切な目安のひとつとして、その植物の変り種（だね）が、たくさん見つかる地域がそうであるとされている。おそらく、その植物がその地方に、古い昔から生えている間に、宇宙線や紫外線の作用、またはいろいろな外界からの刺激によって自然に変異をおこしたためであろう。新来の植物には期間が短いからこの現象は多くは現われない。

このルールがそのまま麹と麹菌の場合にあてはまるかどうかは知らないが、この世界無比の麹菌変種の一大菌群こそ、われらの祖先が長い間、酒造りの技術という、きびしく規制された環境の内に育て上げた、貴重な技術的成果といわねばならない。麹菌こそは、自然界ではなしに、人間の造り構えた環境の下に、人間の目的に沿って造り上げられて来た世にも珍しいカビの一大群である。その間の相違は、ちょうど人類という大きな「わく」の中で、西洋人もあれば日本人もあり、日本人の中でもめいめい異なった個人があるというようなふうに、さまざまであることと同一である。

この事実をはじめて指摘されたのは高橋偵造博士であるが、その研究の中で博士は、似たような形や色をした麹菌でありながら、酒の麹として昔から育ってきた麹菌は米の澱粉を分解する酵素が非常に多いのに反し、醬油の麹に生えている麹菌は、大豆の蛋白質を分解する酵素をきわめて強力に出すという珍しいことを発見されている。昔の人は、そこまで考えて麹菌を育てたわけではなかろうが、とにかくふしぎな事実である。そしてこのような現象は、最新の遺伝学の知識からみても、いろいろな解釈のくだし方があって、今でもなお新鮮なテーマとなっている。

学問上の「地の利」

上に述べたように、麹菌についての、欧米の学者たちの研究には、どうも的はずれや手ぬかりが多かったが、これも交通やコミュニケーションの不完全な昔では、無理もないことである。高峰博士は研究上の信条として〝日本人は、先ず日本固有の事物を研究の対象として取り上げなければならぬ〟といわれていたという。これと似たようなことを、鈴木梅太郎博士も平素からいっておられたのが思い出される。そして鈴木博士も、日本人特有の米食というテーマをとりあげ、白米を食えば脚気になるし、玄米では脚気にならぬという事実に眼をつけ、精白によって取り去られる糠の部分に何か脚気にきく物質があることに気がついて、ついにヴィタミンという栄養上必須の微量物質の存在を、世界に先がけて発見することができたのもそのような信条のたまものであろう。とはいうものの、昔のこのような学問上の「地の利」も、東西の交流のはげしくなった現代では、次第にかげがうすくなりつつあって、研究もなかなかむつかしい世の中になってきた。

麴菌とは何ぞや

現在では麴菌は決して単一な菌株ではなく、無数の変り種を含む一大菌群であるということは、広く世界中の学者に異議のないところである。次の問題は、さてそれでは、そのような多数の菌株について、〝これが麴菌だ〟という判定を下す場合の共通の目安は、一体何であるかということになる。これについては、アメリカのカビ学者のトム博士の有名な提案がある。それは「黄緑色の胞子をつくるアスペルギルス(麴菌の属)はほかにもあるが、その胞子の表面にたくさんの孔(または、へこみ)があいていて、そのために顕微鏡で見ると、いかにも胞子の表面がザラついて見える。この性質はどの麴菌にも共通であるがほかの麴菌類似の菌にはない性質だから、黄緑の色と、表面の孔とで麴菌を規定すべきである」というのである。

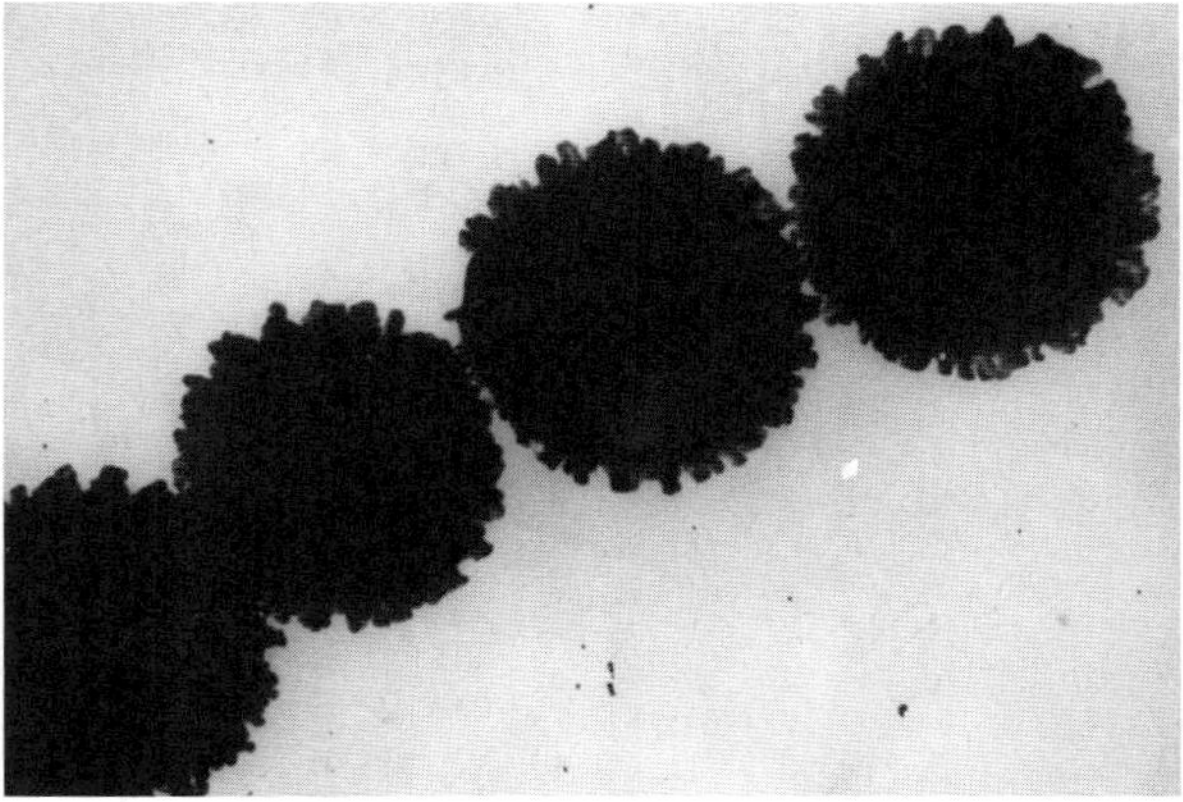

麹菌胞子の電子顕微鏡写真．表面のでこぼこを見られたい(約1万倍)

この説には今でも世界中にたくさんの信者もあるが、実は、これが大きな誤りであったのである。電子顕微鏡という、今までの顕微鏡より一〇〇倍も一〇〇〇倍も細かく見える利器が現れて間もない頃、早速それを使って麹菌の胞子をのぞいて見たところ、あにはからんや、孔などとはまっ赤な大うそで、胞子の表面は、まるで浅間山の鬼押出しか、妙義山の岩山のように、峨々たる状況を呈していることがわかったのである。

見かけ上の結婚

ところで、このようないろいろな種類の麹菌が米粒の上にはえると、お互いの「菌糸」がからみあったり、「胞子」がふれあったりするのはあたりまえの話であるが、その際に高等植物では見られない珍しい現象がおこる。それは、菌糸や胞子どうしがふれ合った場所で膜がとけてつながって、お互いの内容物がまざりあうことである。このような現象は、高等の生物では、卵子と精子との場合だけには見られるが、卵子や精子のような特別の分裂方法でできたもの以外の、ふつうの体の細胞の間ではあまり見られないことである。

一時的なあいの子

とにかく麹菌の場合には、米つぶの上で、このような体細胞どうしの結婚がさかんに行われて、「間(あい)の子」ともいわれないような一種の変態的な「一時的な間の子」ができる。なぜ一時的かといえば、ほんらい、卵子と精子の場合のような真の結婚では、両方の細胞が融合すると、細胞の主人公である核どうしも、たちまち一緒になって、完全な結婚が行われ、ここに独立し、固定した雑種としての子供が出現するわけなのであるが、このような体細胞どうしの結婚の場合には、細胞は融合しても核は決して融合せず、同一の細胞の中でも、厳然として、二つ別々に独立の存在として、単に同居の所帯をもっているだけである。

二女同居——異核細胞

これは、中国の易の言葉でいえば、まさしく「二女同居」の相であって、何のアクチヴィティーも示さぬ、きわめて陰相というべきであろう。今の学術語では、このような状態の細胞を「異核細胞」という。調べて見ると、このような細胞は、両方の細胞、すなわち両方の菌株の性能を、兼ねそなえたような能力を現す場合も多いが、それとは逆に、相殺しあうかのようにみえる場合もある。そして核がとけ合った真の雑種の場合と異なり、次の細胞分裂では、はなればなれにわかれてしまい、一時的に成立した性格も雲散霧消してしまうのである。麹の中に、いろいろ性能のちがった菌株が生えるというだけでも問題は複雑であるのに、その上このような一時的の菌株までが出来ては消えるということになると、麹の作用の説明や、ひいては日本の酒造りを科学的に説明しようとするものにとっては、まことに厄介なことである。

生物学上の一大異変

ある日のこと、東大農学部の研究室で、ひとりの女性が、この「二女同居」の異核細胞に、紫外線やレントゲンをあてる仕事をしていたところ、いつもならば次の代の分裂で、バラバラにはなれてゆくはずの性格分裂がおこらずに、両菌株の性能をかねそなえて、しかも何時までも変らずに代を重ねてゆく新しい菌株がたくさん出来ていることに気がついたのである。

これは生物学の常識を破った学界始まって以来の一大異変である。くりかえし述べてきたように、動植物を通じて、雑種のできる生殖法として知られて来たのは、卵子と精子という特別な分裂によってできた染色体数の半分の、いわゆる生殖細胞の間だけで行われるものであるというのが、今までの常識であったのに、ふつうの体細胞の間にもこれが行われることが麴菌ではじめて見つかったのである。麴菌や、ペニシリンをつくる青カビなど、カビの中には、生殖細胞としての胞子をつくる能力を失ったものがたくさんあり(先に述べた緑色の麴菌の胞子は、単なる体細胞の変形であって真の胞子ではない)、しかもその中には、工業的に大切な菌が多いので、これらの菌のかけ合わせが可能になって、その性能が改良されるということになれば、これはカビ利用の工業上にまことに大きな新時代を開いたものといわなければならない。

イギリスからの御招待

東大でこの発見がなされたちょうどその頃に、イギリスのグラスゴー大学のポンテコルボ教授のところからの来信で、「こんど自分の方で、こんな珍しい発見をした。ついては、おまえの国はカビ工業では有名な国であるから、おまえから政府や民間の研究所に通知して、われわれのテクニックを習いによこしてはどうか」ということである。この人もこちらと前後して、麴菌と似た別のカビから、同様のことを見つけだして、これは従来知られていない、生物の新しい生殖法であるからというので、「パラセキシュアリズム」という名前をつけたのである。ところが彼の方法は、たくさんの異核細胞のうちから、自然に出来るのを待つのであるから、その割合は、大体一万か一〇万に一つくらいであるのに比べて、こちらの方法は紫外線などのおかげで、一〇〇に数個という高率で、固定株がえられるのである。そのような旨を記して、同教授の親切を謝したことがある。紫外線やレントゲンをあてるこの方法によるカビの品種改良の方法は、酒の方で応用に手をつけないうちに、醤油麹では早速行われて、良い成績をあげているという話である。

麹菌の話はそれくらいにして、次には麹菌を使ってつくる「麹」の話に入りたいと思う。

サルの酒と人間の酒

昔から猿酒といって、酒は人類の発明ではなくて、サルの発明のようにいわれている。これはしかし当らない。サルなどはいなくても、果実の皮に傷がついたり、木や草の皮の裂け目から汁液があふれたり、花の蜜がたまったりしているところには、必ずたくさんの酵母(イースト)がついて、いずれも滴々芳醇なる酒が自然にできるのである。このようにしてできる葡萄酒のような酒は現代でも広く人類に愛飲されているが、酒の中では一番原始的な酒である。

そこへゆくと、穀類を原料とする酒は、人間の智慧によらないと、ちょっとむつかしい。何故かといえば、穀類の澱粉は先ず糖化して糖分にしなければ、いくらイーストの作用でもアルコールにはならないからである。そして糖化の仕事とはすなわち厳然たる一つの科学技術であるから、穀類の酒は人間の酒であって、決してサルや神様の酒ではない。それゆえこの種の酒では、糖化こそ酒造りのスタートであるとともに、中心でもある。

麦芽文化と麴文化

糖化の手段としてエジプト以来の西洋文明は麦芽を発明し、東洋文化は麴を生みだしたのである。昔から西洋では、「麦芽はビールの魂である」といい、日本の酒造りでは「一麴、二酛（もと）、三造り」といわれているのも深い理由のあることである。

糖化の方法として、もっと原始的な方法が、古い時代には世界の各地で行われていた。それは唾液の糖化酵素を利用する方法である。母親が子供にものを嚙んで与えるような身近なことから始まったものであろう。酒を「かむ」という言葉はそこから始まったともいわれる。原料には穀類のほかに、カッサヴァのような根茎類も使われた。嚙む役は、多く婦人、それも少女で、中にはとくに美人を選ぶところもあったという。『大隅国風土記』によると太古はわが九州の一角にも「口嚙みの酒」があったらしく、沖縄では近い頃まで神事に残されていた。

日本麴の独創性

日本の酒造りの場合の麴の造り方については、前の話でくわしく述べた。ここでは、同じくカビを使う国として日本と中国のカビの使い方、すなわち両国の麴の造り方の相違をしらべて、日本の麴の独創性などをたずねて見たい。

そして最後には、麴という形から抜け出してきた、近頃のカビの新しい使い方の形式などにもふれてみたいと思う。

日本人がはじめて米をたべはじめた頃には、一体どんなたべ方をしたであろうか。炭化した稲の籾が、古代の住居趾からよく見つけられる。炭化米のすべてがそうだとは断言できないが、火で焼いてたべるというてっとりばやい方法であったかもしれない。水で煮るには、耐火性の器物が必要だし、蒸気で蒸すには、なおさら複雑な道具がいるだろう。日本各地で出土する土器に、底部に小孔がいくつかあいた鉢形土器があって、それは米を蒸す「こしき」の用途に使われたと考えられているから「こしき」を使って蒸すことも日本では案外はやい時代からあったもののようである。

蒸した米や、煮た米を磨(す)りつぶせば餅になる。しかし餅は、穀物を一たん砕いて粉にしたものを蒸してもできる。脱穀・精白・製粉などの道具として、臼や挽き臼が発明された時代には、おそらくそのような製法の餅も現れたことであろう。

麴とは

ばらばらした穀物のままや、あるいはこのように、餅のようにかためたものにカビが生えたものを中国では麴(きく)という文字で表わし、日本では「加牟多知(かむたち)」すなわち「かびたち」とよんだ。このような「ばら麴」には別に糵(げつ)(もやし、よねのもやし)という文字もある。餅形の麴のことは餅麴(へいきく)という。餅麴には、紹興酒(シャオシンジォウ)(老酒(ラオジォウ))に使う酒薬(しゅやく)とか、中国の東北(満洲)や北シナでできる高粱酒(カオリャンジォウ)、汾酒(フェンジォウ)、いろいろな白酒（バイジォウ）などに使う麯子（きょくし）や麯（きょく）の類、朝鮮の清酒（薬酒）、焼酒（しょうちゅう）、濁酒（だくしゅ）などの製造に使う粉麹（ふんきょく）や粗麹（そきょく）、また中国南方や台湾でいろいろな酒を造るに使う白粬（ペイカ）や紅粬（アンカ）、旧仏印、タイ、マレー、インドネシヤのラギー（この意味ではこれらの諸国は、中国酒の文化圏に属する）などがそれである。これらの原料の穀類は大昔には炒ったり蒸したり煮たりした穀物を使ったこともあるらしいが、今ではいずれの場合も生のままを使っている。

中国の麹は餅麹

麯や麯子のような餅麹の原料には小麦を使い、これにほかの雑穀をまぜることもあり、酒薬や白粬やラギーでは米を主とし、これに草や、草根木皮の煎汁、土などをまぜることもある。いずれも、生のままの穀物を粗砕（あらくだ）きにしたものを水でこね、手で丸めて大形の団子や、サイコロ状にしたり、木型に押しこみ足で踏んでレンガ状にかためたり、あるいは布に包んで足で踏んづけて円盤状にしたりしたものを、密閉した納屋の土間に、草をしいた上にならべて、自然にカビの生えてくるのを待つという製法である。そして、このような場合に生えてくる主なカビは、「くものすかび」といって、よくお正月の餅などにも生えるよごれたクモの巣のような、もやっとしたカビである。中国にも「ばら麹」はないわけではないが、専ら醬油のような調味料の製造に使われていて、酒の関係では主に以上のような餅麹を使う。

日本の麹は「ばら麹」

第四話に述べた、千余年前の『斉民要術』に書いてある麹の造り方も、これと大差がないから、もし応神・仁徳の朝に、百済から伝えられたといわれる中国式の酒の造り方が、直訳式に今に伝えられているとすれば、日本の酒は今でも上に述べたようなかたちの麹を使っていなければならないはずである。しかるに日本には昔から餅麹を使ったらしい文献は一つも見当らず、強いていえば、味噌や溜味噌（たまりみそ）の場合に使う「味噌玉」が、餅麹の一種といえばいえる程度である。しかしこの場合の大豆は、なまのままでは決して使わない。「ばら麹」であること、原料を蒸煮すること、生えるカビが全くちがう麹菌であること、などから考えると、日本の麹の特異性は、はっきりとおわかりのことと思う。

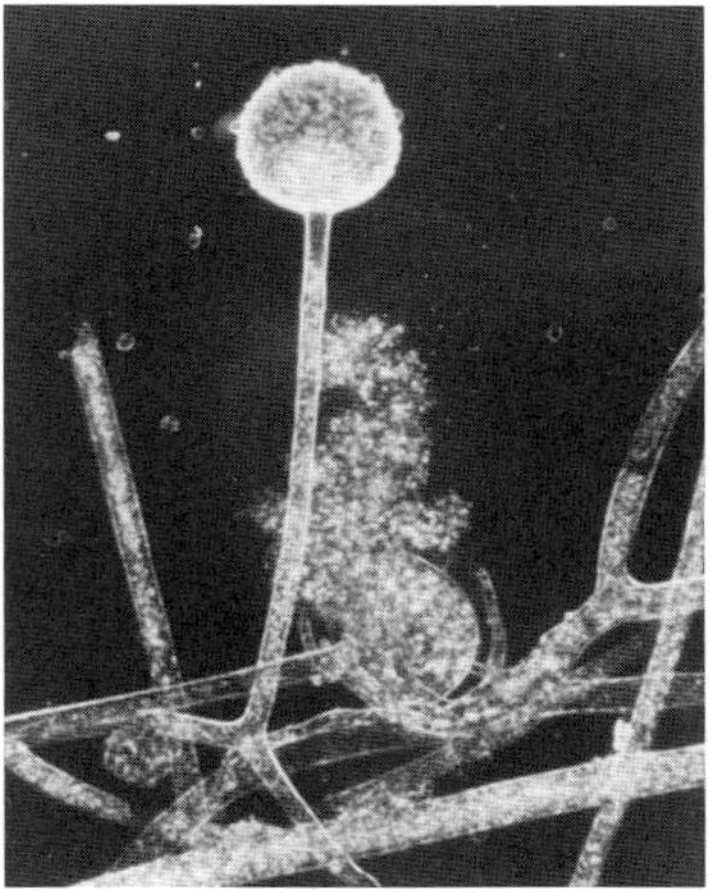

「くものすかび」．中国の麹やアミロ法のカビ．日本の麹菌とは分類上全く縁がない

麹塵衣

昔から中国で、天子にのみ限られた衣の色、すなわちイムペリアル・カラーを

麹塵という。わが国でも、江戸時代の天子の麹塵衣が、先年博物館に出たことがある。これは、くすんだ黄緑色で、わが麹菌の集落の少し古くなった時の色そのものであって、うすよごれた灰色の「くものすかび」の色とは全く別である。『斉民要術』にも「黄衣」とか「黄蒸」とか呼ばれる一種の麹のことが書いてあるが、これがあるいは日本の麹菌と同じものではなかったかとの疑いもある。これらの麹はその頃の調味料の原料であったらしい。しかし、これだけでわが酒の麹が古い中国の調味料の麹から出たと断定するには、あまりに日本独自の工夫が多いのである。

種麹の発明

麹の製法の上で、わが祖先伝来の優れた工夫の一は、「種麹」である。これは特別の方法で麹菌を純粋に培養し、胞子をたくさんつくらせた一種の麹で、乾燥して紙袋に入れて保存する。麹を造る時に、これを文字通り「たね」として蒸米に加えるのである。もちろん、このものを加えなくても麹室（こうじむろ）の中には代々の麹菌の胞子が一ぱい残っているから、麹菌は自然に生えて麹ができるけれど、「種麹」を使うことによって、確実に、しかも自分の好む麹菌を生えさせることができるのである。このように「たね」を加えることは、今ではすべての近代の醱酵工業で一番大切な常用手段となっているのである。

日本でこの進んだ方法が、いつ頃に発明されたものか、京都の古い麹屋さんなどの言い伝えによれば、三〇〇年前には、すでに「種麴」が行われていたということである。しかし『令集解』の末醬(現在の味噲や醬油に似たもの)の製法を記したところに、「麴子米」というきわめて僅かの量の米が、原料の一つとしてあげてある。その米の量が他の原料にくらべて著しく少ない点から見ると、あるいは「種麴」に使うための米ではなかろうかと判断される。はたしてそうであれば、奈良朝の頃に、すでに「種麴」が使われていたことになる。

灰を使う

「種麴」は、どんな工夫で純粋性が保たれるかというと、それは灰を使うためである。蒸米に灰をかけて麴を造ると、麴菌はそんな条件下でもよく生えるが、アルカリに弱いいろいろな雑菌は生えることができない。灰はこのように害菌を防いで、麴菌のみを純粋に生やす力があるばかりでなく、灰の中の燐酸や加里が麴菌を強くそだてる養分となり、そのほかの灰の微量成分の銅とか亜鉛とか、そのほかのいろいろなミネラルが、胞子をたくさんつけ、しかもその色をよくする力のあることが近頃の研究で判明したのである。経験とはいえ、よくもこのようなことを発明したものである。灰は古い時代のわが化学工業では、きわめて重要な物質であって、ひとり「種麴」ばかりではなく、わが国古来の陶器の釉薬(うわぐすり)も灰を使うのが特徴であり、そのほか、染色などの工芸、各種の食品製造にも広く使われていた。

灰の神秘

「種麹」の場合には、どんな灰が要求されているか。

京都に三〇〇年前から続いているといわれる「種麹屋」さんがある。足利幕府の免許の判形を今でも商標にしている。この店では、三〇〇年前から、灰は八瀬で作ることになっている。筆者はある夏の日に、その店の御主人の案内で、これも三〇〇年前から、代々同店の仕事をうけおっている(柴屋という)八瀬童子の家柄を誇る亀氏の柴山(灰の原料を採る山林)を見学したが、その時の話。

「私が柴屋の亀です。なにぶん田舎者のことで、適当にお話することができませんが、灰をつくる柴について、できるかぎり御説明をいたします。このすぐ上の山で今とらせていますから、悪い道ですが登っていただきます。このあたりに、直径一尺くらいの株から若木が数本のびていますのが柴をとる木です。種類は楢や櫟が主です。栗や樫はあまり感心しませんが、補充には使います。椿はよいのですが量がとても足りません。椿の灰は種麹の緑色を深くして、美しくあがるそうです。柴の樹齢は古いほどよく、ここいらのものは一〇〇年から三〇〇年くらいです。株からでている若木は一〇年から一五年くらいのものが一番よいので、そのくらいで更新します。古くなると元から切りとって、切株から新たに生えるのを待つわけですから、採集場は年々かえてゆきます。あの手甲掛けの軽装で、長柄の鎌を手に、若木から若木に猿のように飛び移りながら、新芽の枝先を切っている若者たちは、皆家の者です。木の下で、紺がすりに赤いたすきがけの、もんぺ姿の女たちは、落された小枝を、藤蔓でたばねてまわっているのです。柴山は岩の多い所がよく、東向きか南向きに限り、朝日のよく当る所を選びます。採った葉柴は、必ずその日のうちに山からおろし、麹屋さんの倉庫のあるところ(山下に貯蔵小屋があって、その付近で葉のついた小枝をたくさんかげ乾しにしていた)まで運び、山へは絶対に一夜もおきません。一度雨にあたると、かげ乾しにした時、葉が網目になったり、赤い枯葉になったりします。葉は乾燥して貯蔵した後でも、飴色でしゃんとして、目方が重くなければいけません。祖先からの言い伝えでは、柴を採るのは、八月の盆すぎから一〇月中旬となっていますが、八月はまだ葉の肉がうすいですから、理想は九月中旬から一ヵ月間くらいのものです。毎年五〇〇〇束くらいをおおさめしています。」

このようにして採集した柴は、京の麹屋へ運ばれて、そこで銅製の鍋で蒸し焼きにして灰にされるのである。

第四話にあげた古書の記録によっても、灰の原料については、このほかにいろいろな秘訣や口伝がある。山形県の奥に谷地というところがあって、そこでは自然発生的に古くから「種麹」をつくっているというので、その古い姿を調べに行ったことがある。そこでは、灰の原料として、苗代の稲の苗、特別の小笹の葉、桃の葉、椿の葉、また中でも特に必要欠くべからざるものとして、「がつご」という蒲の一種を使うといっていた。

人工灰

明治になってから、醸造試験所で種麹用の木灰の化学分析を行って、その通りの薬品を調合して、「人工灰」と名づけられたが、あまり普及していないところを見ると、昔ながらの木灰に対する信仰は動るがないものと見える。実際に、保存中の菌の性能の変異や退化を防ぐことは、今の微生物学での大きな残された問題であることを考えあわせると、このような灰の神秘性についても、一概に割り切ってしまうわけにはゆかないような気がするのである。

複雑な種麹

種麹の製造は、このように神秘的なところもあって、特殊技能でもあり、大切な酒のもとでもあるためか、一般の酒造家は、これを自製するものはほとんどなく、いずれも特別の専業者から製品を買って使っている。また一軒の製品ではなく数軒の種麹屋の製品を混合して使っているところもある。そのような場合には、麹菌の菌株の間でさかんに融合がおこって、異核細胞やパラセキシュアリズムが生ずるので、麹の性格は非常に複雑となる。明治以来、麹菌の菌株のうちで、たとえば糖化力の強い菌株とか、または蛋白質を分解する菌株とかいう特定の菌株を純粋に「種麹」に培養することもよく行われているが、上述のような複雑な現象がおこるので、はたしてその意図した通りが的確に達せられるかどうかは多少疑問である。

『斉民要術』には種麴らしい方法は見当らない。それより一〇〇〇年近くおくれ、明末に出た『天工開物』という書物のうちには、良くできた麴の一部をとっておいて、次の製麴の時に加える技法があって、これを麴信と書いてある。この方法は日本でも「とも麴」といって古くからある方法である。

「種麴」の話はそれくらいにして、中世の麴座として一番有名であった京都の北野神社に、香西大見宮司をお訪ねして伺った話を述べることにしたい。

麴屋の起源

北野神宮は、今でこそ天神さまの代表のように思われているが、実は菅原道真よりずっと以前に、比叡山のゆかりの宮寺であったので、そこにはお寺の行事に奉仕するための市民が専属されていた。これを神人(じにんとも呼ぶ)といい、このような人たちには、市民としての税の一部が免ぜられるのが習わしであるが、『北野文書』によると、今から六〇〇年近く前の室町初期に、それらの神人は幕府から酒麴役、すなわち麴を造ることに対する税金を免除されるという特権があたえられた。これがきっかけとなって、その後に京都に於ける北野神人の「麴座」が成立するようになったという。そして「西之京麴座」とか「こうじの衆」とか「西京麴師」とかいわれるこれらの北野神人たちは、長い間洛中洛外の麴の製造販売の特権を保有したのである。麴は酒ばかりではなく、味噌や当時の甘味料の甘酒などの原料にも使われたから、これは大きな特権であったにちがいない。

京の酒屋

その頃の京都は、前にも述べたように、海内一の大名醸地で、酒屋の数は応永年間(一三九四―一四二八)に、東西両京と辺土(京の周辺)とをあわせて、三四二軒といわれた。そのうちの大きな酒屋では、酒壺の数と年二回醸造とから推算すると、少なくとも年間三〇〇石近くの酒を造るものさえあったと思われる。このような酒屋で酒を造るのに、麴の製造だけを分離して麴座から供給するというようなことは、今から考えても無理に思われる。はたして酒屋の麴密造が次第に多くなって、北野の麴はだんだん使われなくなって来た。そのために幕府は、北野神人の訴えにより、酒屋に対して厳重な禁令を出したり、または酒造器具をこわすというような弾圧までも行ったが、なかなかその効果があがらない。それどころではなく、土倉酒屋(どぐらさかや)ばかりではなく、それに米を運んでいる近江坂本の馬借(ばしゃく)という運送業者までが、幕府の圧政に抗し、暴動をおこして北野神社の破壊をくわだてた。そして、ついには土倉酒屋に因縁の深い叡山の僧徒までが、お得意の神輿を洛中にかつぎ出すというさわぎになったために、幕府の処置もおのずからゆるまざるをえなかった。

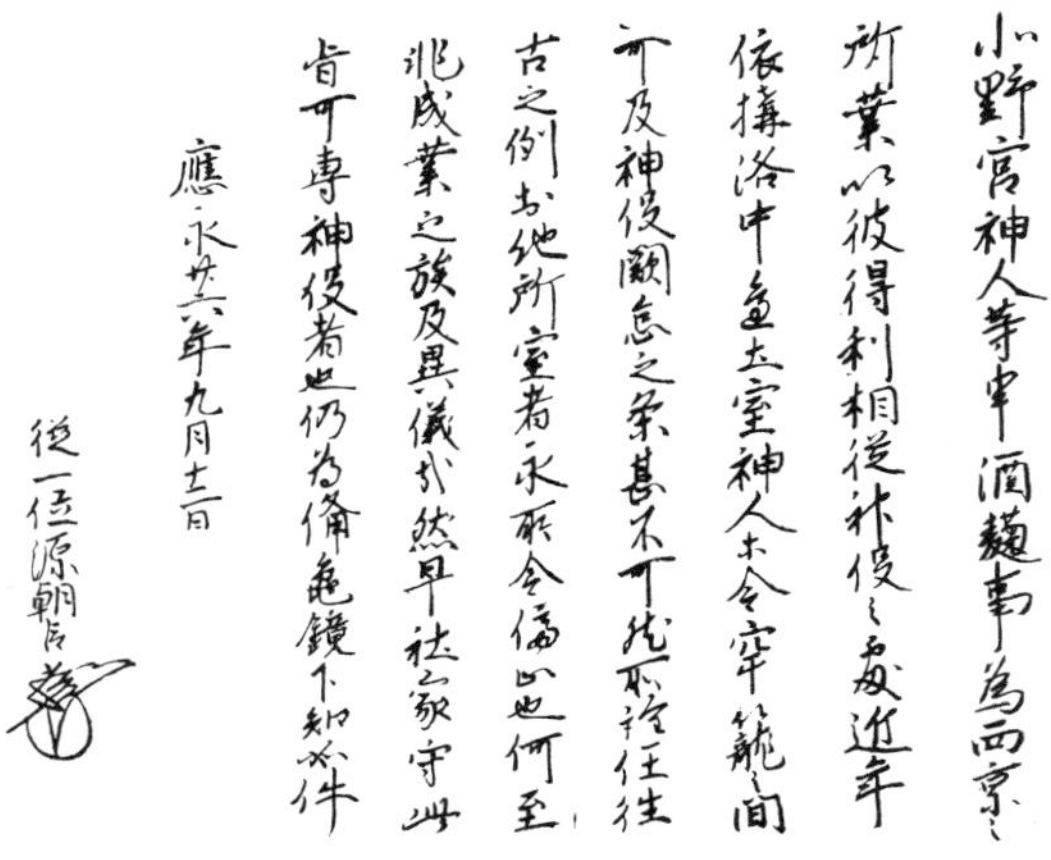

北野宮神人等申酒麹事為西京之
所業以彼得利相従於役々處近年
依構洛中邊土室神人等令牢籠間
所及神役闕怠之条甚不可然於所詮往
古之例於他所室者永所令停止也何至
非成業之族及異儀哉然早社家守此
旨可専神役者也仍為備亀鏡下知如件
應永廿六年九月十二日
従一位源朝臣（花押）

北野神人の権利を確認した足利義持の御教書．応永26年（1419）

文安の麹騒動

そこで大いに憤慨したのは北野神人である。彼らは参籠と称して、神社に立てこもって、幕府に対する強訴の態勢をとるに至った。これには幕府もこらえかねて、侍所の兵をさし向けて鎮圧をはかるに至り、神人との間に大争闘がおこり、ついには由緒ある北野神宮も、これがために、大半を烏有に帰せしめるという大さわぎにまで発展した。これが史上に有名な「文安の麹騒動」である。

この騒動を境として、京における麹座の制度は全く崩壊し去ったが、その後戦国時代を経て、諸国に大名の組織が確立するようになって、似たような制度が、それぞれの大名の権力下の城下町に発生した。今も各地にのこる麹町とか、麹屋番とか、麹屋町とか、糀谷(こうじたに)などという地名はおそらく、そのような集団に対する地名を伝えたものと思われる。その一例を、筆者がかつて調べた仙台藩の場合について、次に述べることとする。

仙台藩の麹仲間

仙台市の麹製造業者は、現在荒町に数軒残っている。昔はそこに近いところにあった元荒町(または新町)に集団的にあったものである。伊達政宗が仙台に築城した直後の慶長八年に、すでに麹屋営業が始められていたことは、現在の荒町の佐藤重三さんそのほかの麹屋に残されている古文書をつきあわせてみても一致している。それによると、麹屋営業の特権をゆるされた連中は、いずれも政宗の家臣であって、会津や福島の合戦で手傷を負った、いわゆる傷痍軍人が多いようである。文政一〇年(一八二七)に書かれたという「御用捨糀仲間御掟(ごようしゃこうじなかまおんおきて)」によると、この仲間制度の一端がうかがわれて興味が深い。この掟書の但書によると、その当時よりさらに一六〇年さかのぼった「寛文元年よりの定法」であるということだから古い制度である。はじめの麹屋の数は八十余軒というが、この掟書の文政の頃には五十数軒になっている。

掟書によると、麹屋の数はもちろん、その居住区域、生産規模、相続権などに至るまで、厳重な制限があった。すなわち、麹室は二つ以上は許されず、その大きさ、つまり生産量も、一軒室(五坪)と半軒室(三坪)の二種とし、それに応じて毎年一定の上納金をする。その際に使う枡も御判枡(検定をうけた枡)に限る。販売を担当する売子は、その属する室屋をとりかえることはもちろん、その居住区域や販売区域にも厳重な制限を守らなければならない。住居の場所の制限がとくに厳しいのは、やはり昔の「座」の制度をそのまま踏襲しているものと思われる。

このような制度も、文化・文政の頃でさえ、この制度の行きわたらない辺地や、隣接している他領などからの振売(密売)によって、だんだんくずれかけて来たことは、それを理由に上納金の減免を望む多くの嘆願書があることなどからも推察できる。現在の「種麴」業者には、このような旧幕時代の麴屋から出ているものも少なくない。結局、麴製造の特権は失われたが、種麴の製造だけは事実上手中に残ったというような結果におちついたようである。

アミロ法の発明と応用

前にも述べたように、カビは好気性の微生物で、湿っぽい物体の表面に一番よく生えるから、麴の形で使う方法が、中国でも日本でも広く利用されるようになった。ところが、今世紀のはじめ、そのカビに対して、きわめて突飛な註文を出したコレット、ボアダンという二人のフランス人が出て来た。それは水の底のように空気の少ないところでカビを生やそうというのである。このために彼らは、密閉した鉄タンクにカビの好む液を入れ、それを激しく攪拌すると同時に、その底から空気を吹き込んで、液中にカビを培養する方法を工夫したのである。

タンクの中に米や玉蜀黍（とうもろこし）のうすいお粥を入れて、シナの麹のカビ、すなわち「くものすかび」の胞子を植えて、前記のように操作すると、カビはその中でよく生え、麹を加えて糖化すると同じように、米や玉蜀黍の澱粉を完全に糖化することができたのである。それ故にそれにイーストを植えると、たちまちアルコールができるから、この液をタンクから取り出して蒸溜すれば、りっぱな焼酎すなわちアルコールが製造できることになる。彼らはこれを「アミロ法」と名づけて、新しいアルコール製造法として、各国のパテントをとったのである。

しかしこの画期的の新法も、カビを使いなれない西洋人にはあまりアッピールせず、ことに致命的なことには、この方法では米や玉蜀黍にはカビはよく生えるが、ヨーロッパで一番広くアルコール原料に使われている馬鈴薯では、どうもうまく生えないという欠点があって、その普及はきわめて振るわないままに葬り去られようとしていた。

ところが、これを取り上げて改良し、大展開をさせたのが、当時の台湾の酒専売に関係したわが技術者諸君である。台湾の主な酒は、米酒（ビイジオウ）という米で造った焼酎であるが、従来は前に述べた「白粬（ペイカ）」という「くものすかび」のシナ麹を使って、瓶（かめ）の中で造られていた。原料が米であるからアミロ法にはもってこいのチャンスでもあったわけで、たちまち全部の米酒の製造はこの新しい方法に切りかえられ、おかげで米からの収得量は旧法にくらべ、一挙に倍近くにまで増加するという大手がらを立てたのである。

芋でも成功

ところが、台湾で米以上に大切なアルコール原料は、甘藷(さつまいも)だが、あいにくなことに、馬鈴薯にいけないアミロ法は甘藷にもだめなことがわかった。そこは、菌は同じように見えても、その性格は千差万別ということを麹菌で知っている日本の技術者であったから、同じ「くものすかび」の中で、芋類にもよく合う菌種を探した結果、武田義人博士がジャワの麹から見つけた一種が、とうとう難関の甘藷のアミロ法を突破する緒となったのである。馬鈴薯のアミロ法で悪戦苦闘したベルリンの醸造試験所の連中や、ハンノーヴァー大学の碩学ヘンネベルヒ教授なども、菌にいろいろあることは、知識としては知っていたに相違ないが、それをわが台湾専売局の技術者諸君のように、現実としてつかんでいなかったために、このようなおくれをとることになったわけである。

世界一の焼酎工場

甘藷は当時の内地、すなわち本土でも焼酎の大切な原料であるから、内地の酒精工場はその後相次いでアミロ法に切りかえた結果、たちまちにして日本は世界一のアミロ法の国となったのである。それればかりではなく、その後になって、「くものすかび」ではなく、日本の麴菌をも、この方法で培養することに成功し、今ではこの両菌すなわち、中国の麴の「くものすかび」と、日本の麴菌と併用して、両方の長所を発揮する「アミロ麴折衷法」という最も合理的な酒精製造法で、全国の焼酎が造られるようになり、諸外国、たとえばソ連の科学アカデミーなども、近年傘下の試験場にこの法の研究をはじめさせるようになった。ペニシリンの製法を戦後はじめてわが国に導入するために指導に来たアメリカの学者が、それと同じ装置のしかも何十倍も大規模な工場が、日本の各地の焼酎会社にあるのを見て、大いにおどろいたことは、筆者にその人が親しく述懐したところである。従って、日本だけには、ペニシリン製造装置についてのパテントは成立しなかったことは申すまでもない。

通風自動製麴法

カビを使うことは日本人の特技にちがいないが、これを機械化することは、機械学の基盤がおくれているため、残念ながら西洋にはかなわない。カビを液内で培養するアミロ法は、フランス人の発明であったが、カビを固形物に生やす、つまり麴をつくることを大規模に機械化するためのヒントも、西洋から与えられる結果になってしまった。つまり先に述べたように、温度と湿度とを調節した空気を送りこむ、通風式の製麴法である。この方法は要するにビール製造の際の麦芽をつくる装置を、そのままそっくり拝借したにすぎないものである。

要するにカビを生やす仕事、つまり上に述べたようないろんな麹菌の使い方のうちで、昔ながらの方法は、酒造、味噌、醬油などの工場で行われ、またアミロ法、またはアミロ麴折衷法は焼酎(すなわちアルコール)工場で採用され、麦芽の製法をまねた通風式の機械化製麴法は、近頃の新しい四季醸造の酒造工場や、一部の醬油、味醂などの工場で使われているのである。

第七話　日本の智慧

火入れと酛（もと）

瞬間殺菌装置。火入れの最新の仕かけ

世界の民族のうちで酒をもたないものは、きわめて稀であるといわれている。多くの民族は、その民族に固有な酒の造り方をもっている。そしてそれらの酒造りは、申すまでもなくそれぞれの民族が原始時代から行っている方法であって、いわゆる「科学」以前の所産であるから、その造り方をよくみれば、その民族の知識の程度や能力を推知することのできる一種のバロメーターともいえるであろう。ここでは、このような見地から、日本の酒造りの特徴をながめて見ようというのである。

酒造りはバロメーター

パスツーリゼーション

日本の酒造りの技術にはほかの国のそれに比べると、いろんな点で珍しい特徴があるが、中でも明治初年に、はじめて日本酒の製法を世界に紹介した外国学者、独人のコルシェルトや英人のアトキンソン教授などが、口をそろえて驚嘆したのは、日本酒の「火入れ」である。彼らがこのことを強調したのは、ちょうどパスツールが腐敗葡萄酒の研究で、有名な「パスツーリゼーション」すなわち「低温殺菌法」をフランスで発表して、一世をおどろかせて間もない頃であったので、ショックがとくに大きかったせいもあると思う。しかし、外国では、今でもまだ、日本酒のこの問題を気にかけている人も多いと見えて、数年前にも、ミュンヘン醸造試験場長クレーベル博士から、火入れの発明された正確な年代を語る文献があったら知らせてほしいという手紙をもらった。

火入れはいつはじまったか

火入れがいつの時代に始まったかを正確につきとめることは、容易なことではない。江戸中期の酒造の書物にはたしかに見られるので、従来では少なくとも江戸中期、すなわちパスツールの発明よりは一〇〇年くらい前、日本酒で広く行われていたとされていた。

MEMOIRS

OF THE

SCIENCE DEPARTMENT,

TÔKIÔ DAIGAKU.

(University of Tôkiô.)

No. 6.

THE CHEMISTRY

OF

SAKÉ-BREWING.

BY

R. W. ATKINSON, B. Sc. (LOND.)

PROFESSOR OF ANALYTICAL AND APPLIED CHEMISTRY IN TÔKIÔ DAIGAKU.

PUBLISHED BY TÔKIÔ DAIGAKU.

TÔKIÔ:

2541 (1881.)

これは1881(明治14年)年『東京大学理学部紀要』第6号に，東京大学御雇教師ロバート・アトキンソン氏によって発表された，酒についての研究論文で，日本の酒の最初の科学的研究である．その巻頭に，日本の酒の製法がいかに彼にとって驚異であったかは，西欧の新知識が日本人にとって大きな驚きであったのに劣らぬくらいであって，このような技術を育てあげたことから見ると，日本が長い間西欧の知識から隔離されていたことも，必ずしも損ばかりであったとはいえないと述べているしかし、室町時代の末、永禄から元亀・天正にかけて、奈良の興福寺の塔頭(たっちゅう)の多聞院で書かれた日記のうちに、末寺の酒造の覚え書きがあって、それを見ると、たとえば永禄一二年旧三月に仕込んで、五月はじめにあがった酒を、五月二〇日に、「酒を煑させ了(おわ)る、初度なり」とある。そのほかの年にも夏酒を造る場合には火入れの記録がたくさんある。

煮酒と火入れ

「煑酒」という言葉は、中国の古い文献にも出ているし、現在の中国の老酒(ラオジオウ)も、搾(しぼ)った酒を、かめにつめる前に「煑酒」する。その後に石灰の混じった泥でかめを「泥封」し、そのまま長期の貯蔵期に入るのである。しかし、この際の酒の温度は、山崎百治博士の調査によると、八五度くらいでとても五〇度や六〇度というような、手のつっこめるような低温ではない。多聞院の「酒を煑させ」は、これとは異なり、今の火入れと似た温度であったと思われる。理由は、いずれも旧二―三月の候に主な醱酵を終えた酒を、五―六月に煮ている点など、江戸時代以来、寒造りの酒を八十八夜(節分から八八日目)前後に火入れをするという習慣と似ているからである。また「初度なり」という文句は、「二番火」などというその後の火入れをも連想させる言葉であって、酒が危うくなるごとに火を入れるという後世の習慣も、当時すでにあったことを推量させる。それゆえ、江戸中期に行われていたような火入れのやり方は、それより一〇〇年近くも前の室町末期にすでに行われていたものと見てもさしつかえなく、従来の火入起原説より、さらに一〇〇年ほどさかのぼってさしつかえないと思う。

小野教授が指摘されたこの『多聞院日記』の中には、正月酒、つまり秋のはじめ正月用に造られる酒には、夏酒のように酒を煮ることはあまり出ていず、ただ「酒煑させ、樽に入れ了る」というように、後の江戸時代の「煮込み」といって、五〇度くらいに熱した酒を、貯蔵桶ではなしに、直接樽に詰めて、そのまま市場におくる方法とそっくりのようなことが書かれている。

火入れの温度

火入れの温度については、手加減ではあったが、大体五〇度と六〇度の間であったと推定される。腐りやすいと思われる弱い酒は、八十八夜を待たなくても、しぼり上げてまもなく、「うす火」といって少し低い温度(四〇度くらいか)の火入れをすることもある。近頃でも「すだき」(素焚き、または薄焚き?)といって、四〇度くらいで早期の火入れをすることもあるが、これの目的は、酒の熟成をはやめることにあるようである。正規の火入れのあとでも、酒があぶないと思えば、少し温度の高い「あつび」(熱火)をあてることもある。このような場合には、六〇度で五分間なら、まちがいなしであろう。

火入れの主たる目的は殺菌にあったが、それとともに熟成の効果をもねらったものであろう。火入れの温度では、まだ酒中にのこるいろんな酵素もこわされず、少なくともその初期には、温度があがるために酵素は数倍も強くはたらいて酒質の熟成を助けることにもなろう。

熟成の効果

火迫酒とマデイラ

酒の加温が風味の調熟に役に立つことについては、中国に、昔「火迫酒」という面白い酒があった。それは、酒をかめに入れて土室の中で炭火で熱すると、新酒が七日で飲めるようになるというのである。ポルトガルの名酒「マデイラ」も、葡萄酒を密閉タンクに入れて七〇度くらいにおいておく間にあの特有な香気がつくのである。またオーストラリヤではじまって、その後はアメリカでもさかんにつくられるシェリーのイミテーションの製法も、葡萄酒を六〇度内外に長い間「ボイル」または「ベーク」して、あのシェリー特有の香気をつけるのである。ただしこの場合はベークド・シェリーといって、ほんもののシェリーの醱酵で出た香りには及ばない。しかし、期せずして東西軌を一にしていることは興味が深い。

酒のお燗

わが『延喜式』にも「煖酒器、炭一斛」とか、「煖御酒料、炭日一斗」などという記事が見え、あるいはこれらと同じ目的ではなかったかという疑いもないではないが、これはおそらく「林間酒を煖めて紅葉を焚く」のたぐいの用途に解するのがおんとうであろう。昔は重陽の節(九月九日)以後には、酒は温めて飲むことにきまっていたようである。その頃のお燗の温度はどのくらいであったか、今のわれらは「ぬるかん」は四五度まで、「あつかん」は五〇度くらいと心得てはいるが。

火入れの原理

低温殺菌の原理は、バクテリヤのうちには、ふしぎな連中があって、その連中は胞子というものをつくるが、その胞子は一〇〇度以上の沸騰水の中でも短時間なら平気である。生物としてはまことにふしぎな現象といわなければならない。このような菌を完全に殺すには、缶詰の場合のように、高圧蒸気で一〇〇度以上に加熱する必要がある。ところが、この耐熱性胞子をつくる連中は、幸いなことには酒のような酸性の強いものの中では、よくはん殖できない性質をもっているのである。それゆえ、それ以外のバクテリヤや、カビや、酵母を殺すことのできる温度、すなわち五〇—六〇度、五—一〇分間のような低温の加熱で、完全殺菌同様の効果がえられるのである。

缶詰の方は、やはりフランスのニコラス・アッペールという人により、パスツールより五〇年も前に発明されていながら、低温殺菌法の発明は日本人におくれをとるというのも、同じく微生物が知られる以前の経験上からの発明である点から見て、まことに妙な話である。

それというのも、一つには日本酒の腐りやすい性格のせいであったかとも思われる。ビールにホップを加えるようになったのも、そのはじまりは、腐敗をふせぐためであったといわれている。ホップの苦味の成分であるフムロンに、強い殺菌力があることは後世になって判明したことである。

腐りやすい日本酒

日本酒の世界無比の高濃度アルコールも、あるいは腐らない酒をめあてにして、われらの祖先が努力した結果であったとも思われる。江戸時代になって、灘に柱焼酎（はしらしょうちゅう）の方法があらわれたのも、酒をくさらせる「火落菌（ひおちきん）」が高濃度のアルコールに弱いことが自然に経験された結果でもあろう。アル添酒が行われるようになって以来、酒屋さんの間には、その昔の「火落ち」など忘れてしまった人もあるくらいである。

サリチル酸とビン詰

サリチル酸を酒に加えることも、腐敗を防ぐ上にたいへん役に立った時代もあった。明治一二年三月の『郵便報知新聞』に、コルシェルト氏の説として、清酒一石あたり八匁を適当とすることが発表されたのが始めであるという。しかし今はその使用が禁止されまったくあとを絶った。何といっても、日本酒やビールにとっての最大の福音は、ビン詰の出現であろう。どんなくさりやすい性格をそなえた酒でも、これを一たんビンにつめて、低温殺菌(火入れ)してしまえば、永久にくさることはないというのであるから。もっともビン詰のまずさは、ビールの方がひどいから、今でも生ビールが各国で珍重されている。酒を加熱によらず無菌濾過法（限外濾過法）による「生酒（ナマサケ、ナマシュ）」も近年流行しかけてきた。昔の「冷（ひ）やおろし」などをいい出す人は、時代おくれと片づけられる。

酒なおしの秘伝

先にあげた古い時代のいろいろな酒造りの書物が当時でも相当に売れたであろうと思われる理由の一つは、その中には必ず腐り酒をなおす秘伝について多くのページを費やしてあることから想像できる。そしてそれらの秘伝の中心をなすものは酒に灰を加えることであって、その灰の造り方、使う時期、使い方などに口伝（くでん）があって、「秘すべし、秘すべし」などという言葉も見えるほどである。酒がくされば酢になるから、一般に腐敗酒の特性は酸っぱいことである。灰でその酸を中和することは合理的であり、そのあとに、あくっぽいざらつきをなるべく残さないような灰を使うことも大切である。

灰を混ぜる

慶長年間に浪花の鴻池酒屋で、その蔵人のひとりが、主人にうらみを含み、一夜ひそかに酒の大桶の中に火鉢の灰をほうりこんで、いずこへかちくでんした。主人は大いにおどろいて、翌朝その酒を取り出して見たところ、酒は澄み輝いて、味も極めて美味なことを発見し、これを江戸へ出して巨利を博した。「これすなわち本朝清酒のはじまりなり」などという言い伝えがあるが、粕をはなしたうす濁りの

「中汲み」や「すみさけ」は中世にふつうであり、それどころではなく『延喜式』にさえ清酒の文字が見えるくらいであるから、このような清酒の起源の説はあまり問題にならない。灰を酒に加えることも、同じく『延喜式』の新嘗会の黒貴(くろき)に見えることは先にも述べた。

赤酒と地酒

灰を加えてつくる酒は、明治以後も地方の名物として残されていて、出雲地方の地伝酒(じでんしゅ)または灰持酒(あくもちざけ)、熊本県の赤酒(あかざけ)、鹿児島県の地酒などである。地伝酒は昭和のはじめで造る人がなくなってしまったが、後の二者は今も続いている。いずれも味醂式のつくり方で、それに灰を加えてアルカリ性にするから、色の濃い酒となる。料理に愛用されているが、お正月などのおめでたい時に飲用にもされる。

杉樽の効能

酒造りの桶や樽などの容器に杉材を使うということも、多少の防腐効果があったのではないかと思われる。昔の書物には、酒に「木香(きが)」をつける秘法などがあって、杉材の精油を酒にとけこませるに苦労したようにも見える。その頃の酒は、さぞかし今のジンのような、やにくさい匂いがしたであろう。明治以後、酒の木香はだんだん大衆にきらわれてきたが、戦後になって、また通人の間に、この昔の樽の効果が見なおされて来たようである。これは杉材の表面の微細構造が、酒の熟成に微妙な好影響を与えるからである。酒が杉材に接触すると、その中のアルデヒドという成分が著しく増えるという山田正一博士の研究が、それを裏書きすると思う。何とか木香をつけずに杉材の熟成作用だけを発揮させる方法はないものかというのが筆者の夢の一つである。

酒好きの菌

最後に、酒を腐らせる「火落菌（ひおちきん）」という世にも珍しいバクテリヤのお話に移らせていただきたい。なぜ珍しいかといえば、ほかのバクテリヤは、牛乳とか肉汁とか、やさいスープとかいえば、非常によろこんで生えてくれるのに、この菌だけは、そのような好物でもいっこうに生えない。ところが、その中へほんのわずかの清酒、たとえば一割くらいを入れてやると、さかんに生えてくる。まことに世にも珍しい酒好きの菌である。これが清酒でなく、葡萄酒やビールを入れたのでは決して生えてもらえないのだから、ますます奇妙といわざるをえない。

完全合成培地

蛋白質やヴィタミンの栄養の学問が進んだおかげで、ネズミのような動物を、従っておそらく人間も、糖類、アミノ酸(蛋白質構成成分)、ミネラル、そのほかの純粋な薬品を調合した「合成食糧」で飼うことができるようになったのは、わが理化学研究所の故前田司郎博士や、アメリカのローズ教授の研究のおかげであり、第二次大戦直前のことである。しかし、とくに栄養要求の複雑なバクテリヤまでも純粋な化学薬品を調合した「完全合成培地」で生やすことができるようになったのは、それより大分おくれた戦後である。いかに気むずかしやの火落菌でも、この新鋭培地には生えるだろうと思ったのは大まちがいで、痕跡の発育も見られない。それではというので、これに少量の清酒を加えたところ、案の定、大変な生え方である。

必要な未知物質

さてそうなると、これを一体どのように考えたらよろしいか。完全合成培地には、考えられる限りの栄養素やヴィタミンがはいっているのに、その上になお清酒がなければならぬということは、清酒の中に、そのものがなければ火落菌が生えることができないというような、何か今まで知られていない新しいヴィタミンのようなものがあるに相違ないと考えざるをえない。

麹菌がつくる

しかし考えてみると、清酒といっても、結局は米に麹菌と、酵母と、乳酸菌とが作用してできるものであるから、合成培地に米の煮汁やアルコールを加えても火落菌が生えない以上は、これはきっと、米に麹菌か酵母か乳酸菌かが作用して、新たに酒の中にできた未知物質のせいであろうということになる。ところで清酒のみに特有なのは麹菌だけである。そこで米に麹菌を生やした米麹の浸出液を加えて見たところが、はたして大やまがあたったのである。

そうなると次には、この新しいヴィタミン様物質はどんなしろものであるかを究めなければならない。それには先ず、この物質を純粋な結晶として酒の中から取り出さなければならない。きわめて微量しか含まれていないのであるから、それにはたぶん何十石もの清酒が必要であろう。そしてそれは、とうてい貧弱な研究費のまかない切れるところではないことがわかった。ところがありがたいことには、前述のように、この物質は米から麹菌がつくり出すことが推定されており、しかも、麹菌は菌株によって性能の強弱に著しい差があることも知られているから、先ず始められたのは、数百種類の麹菌株について、いちいちその未知物質の生産力を比較する仕事である。これは簡単であって、火落菌をそれに植えてみて、生えるか生えないか、またその生え方の程度を測れば、そのものの定量までできるのである。

火落酸の発見

このようにして、幸いにも、酒の中にある量の数百倍の濃度で、造り出す力のある菌株を見つけ出すことができ、それを使って、大量のタンク培養からみごとな結晶を取り出すことに成功した。そして、その化学的構造まではっきりと決定されたのである。これは化学上でも今まで知られなかった新化合物なので、火落菌の名をとって「火落酸」(Hiochic Acid)と命名されたのである。これは東大農学部の田村學造博士のお手がらである。

飼料生産業はアメリカでは十大産業の一つに数えられるほどの大きな産業となっていて、したがって飼料効果を増進するような物質の研究は、大学や試験場での大きなテーマとなっている。ペニシリンやストレプトマイシンの製造で有名な、アメリカのメルクの研究所でも、かねてからこのようなＵＧＦ(アンノウン・グロウス・ファクター、未知成長因子)といわれる、ニワトリの雛の発育をよくする未知の成長因子を探していた。

偶然の一致

この物質は、牛乳、ウマゴヤシの青汁、またはウィスキーの廃液の中に含まれることは前からわかっていた。そこでメルクの連中は、ウィスキーの廃液を一五トンも使って研究したあげくに、ようやくそれらしい物質を取り出すことに成功した。ところが、これは偶然にも田村博士の火落酸と同一物質であることがわかり、あとでアメリカの化学雑誌に博士との共同発表の形で報告された。その時の名前がメバロン酸というのであったから、今ではこの物質は二つの名前をもつことになった。麹菌でなくても、ウィスキー製造に関係する菌で、この物質を僅かにつくるものがあると見えるのである。

新物質の役目

火落酸すなわちメバロン酸は、しかし、当初アメリカの連中の目的としたニワトリの成長促進にはあまり役に立たないことが、後になってわかってきたが、それよりはもっとすばらしい、いろいろなことの関係が、その後世界中の多くの生化学者の研究で次々と明らかにされて来たのである。たとえば高血圧の原因とされているコレステロール、天然のゴム、松脂などの中にあるテルペンそのほかの物質が、生体の中でどうしてできるものか、今まで全く不明であったものが、この火落酸がもととなって、それから生合成されるというくわしい筋道までも明らかになった。

先年パリのソルボンヌの有機化学教室を訪れたとき、そこの教授が、ラジオアイソトープを含んだ物質の実験をしきりにやっていたので、それは何かと伺いを立てたら、これはヒオチ酸に「こぶ」をつけた化合物をつくって、それをネズミに注射して、コレステロールのできることを、そのものが防ぐことができるかどうかをアイソトープで試験しているのであるとのことであった。日本酒の腐敗の研究が生物界のなぞを解くカギとして、世界の研究者に大きなサービスをしたというのも、まことにふしぎな因縁である。

開けっ放しの培養

次には酛(もと)の話に入ることとしたい。われらの住むこの大気の中に充満している微生物の種類は、バクテリヤ(細菌)とよばれるもの、おそらく数万種、酵母を数千種としても、カビがまた数万種を下るまい。これらの数千、数万のちがった微生物が、空気や水や土ほこりのうちに充満していて、その数は、たとえば水なども、どんなにきれいといわれるものでも、一グラムに数千、ふつうの水では万や億の単位で数えねばならない。土などはその重さの一割近くが菌で占められていることさえある。そのような中で、開けっ放しの桶やタンク、微生物のうようよした水、ほこりだらけの道具で造られる酛が、米を酒にするに必要な日本酒酵母という単一の種類だけ

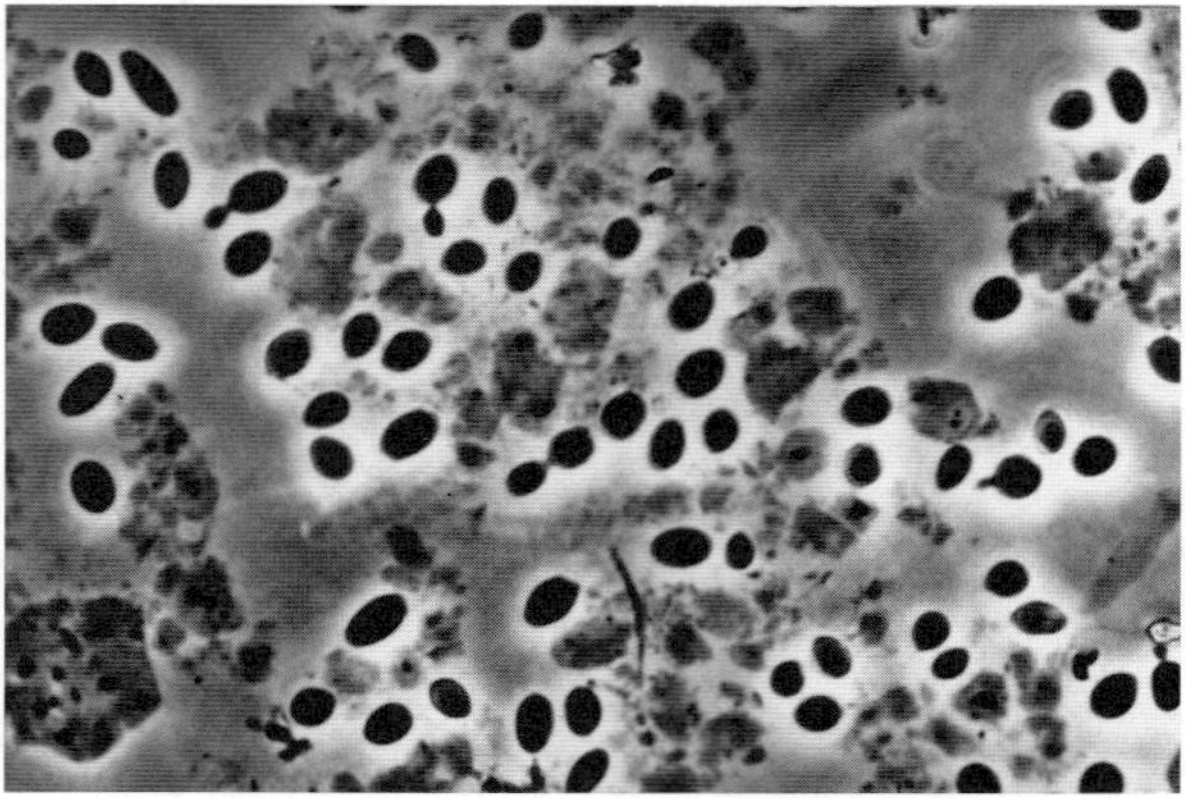

酛の中の酵母の顕微鏡写真(約 300 倍). 黒く見える球形が自然にはん殖しはじめた日本酒の酵母

しか含んでいないとしたら、これこそふしぎきわまる神わざといわなければなるまい。

日本酒酵母の起原

実際にでき上った酛の一滴を顕微鏡下にとって見ると、全視野は、丸々とよく肥えた酵母でいっぱい、ほかの雑菌などは影も見せない。そしてその一グラム中には三億くらいの酵母が数えられるのである。明治のはじめにこの事実をきかされた西洋の学者の中には、そのような酵母の完全なはげしいはん殖は、酒に使う麹菌がちぎれて日本酒酵母になるせいであるという珍説を出した人もある。

この日本酒酵母の麹菌起原説は、麹

菌というカビから分類学上全く異なる酵母ができるという生物学上の一般論にまで発展し、ヨーロッパの学界でも賛否両論に分かれて、はげしい論争が交わされたが、日本の学者は前東大総長の古在由直博士をはじめ、この説には反対の側に立ったのである。そして日本酒酵母は稲藁についていて、酒造りに多く使われる藁の製品に由来するという稲藁由来説を主張した。

ヤナギの下にどじょう

それはともかくとして、上に述べたような日本の酒の酛造りの奇跡は、一体どうしておこるのであるかについて次に御説明したいと思う。それには自然界の植物の分布のありさまを見ていただくのが一番よい。たとえば、湿地には、アヤメやショウブの群落があり、アルプスのお花畑には高山植物の群落があるというように、自然界では、それぞれその温度や湿度の環境に適応した生物が優勢を占めている。ヤナギの下にはどじょうがいるという諺は、その適応性に対する判断の標準をまちがったたとえ話であるが、これがもし精密に条件を規制されたヤナギであれば、その下には必ずどじょうがいるべきでもあるのである。

酛造りの場合は、人間の手で湿地やお花畑をつくり出して、そこへ自然にアヤメや高山植物が生えるように仕向けるようなものということができよう。

釣り人は魚のいそうなところに糸をたれるが、近頃の漁業では魚の集まる環境をつくり出すことも考えている。微生物の場合もこれと全く同じである。ただ微生物には眼に見えないという最大のハンディキャップがある上に、温度、湿度などのほかに、栄養物とか、毒物とか、酸素とか、水素イオン濃度とか、いろいろのデリケートな外界の条件が環境要素として強くはたらくから、その関係が非常に複雑になってくる。逆にいえば、それだけに特定の微生物を生やすために使える道具だての数が多くて、人間が自然淘汰の機構をつくり出すのに便利な面もあるとも考えられる。

環境をつくる

そこで日本酒酵母だけが生えるお膳立てが、酛の中でどんな順序で出来上るかというと、第一段階は、麴菌のジアスターゼが米の澱粉に作用して糖分がどんどんできはじめる。そうなると大気中にまちかまえていた微生物の中で、糖分が大すきで、従って高濃度の糖分にもよく耐えてはん殖するという連中のみが一斉にスタートを切る。ところが、ここで寒中の低温が、第二の有力な規制条件として作用してくる。多くの微生物は二〇―三五度あたりでないとよく生えないから、次には低温何のそのという限られた連中だけの独擅場となる。ところがそれらの条件をみたす微生物のうちには、乳酸菌という危険分子がある。この菌がはん殖し出すと、麴菌のつくった糖分を食って乳酸という強い酸をどんどんつくるのである。そのために強い酸性とい

酛のお膳立て

う第三の苛烈な環境条件が酛の中につくり出され、数少ない生残りの耐糖性低温菌の多くのものは、ここで最期のとどめをさされることになる。

日本酒酵母はもともと温かいところが好きなたちではあるが、低温でもよく生えるところへもってきて、乳酸にも平気で、一パーセントくらいの強さでも蛙の面に小便という程度である。

乳酸菌の役目

このように麹菌は糖分を出して、結局は酵母と乳酸菌のはん殖だけを助ける役をすることになるが、酵母と乳酸菌は必ずしも助け合いに終始するわけではない。他の菌のはん殖をおさえて酵母の座を用意するという点では、乳酸菌は大いに酵母を助けるが、酵母はあまり乳酸菌のために有利な仕事をやらない。先ず糖分に対して競合する。アルコールをつくる力の方が、乳酸生産力よりスピードが速いために、次第に乳酸菌のくいものの糖分をうばってゆく。しかも乳酸菌にとって一番不幸なことには、乳酸の濃度があがると、自分でつくる乳酸のために自分自身が弱ってゆくという悲劇的宿命をもつことである。

自然的純粋培養法

このような複雑な生存競争の世界のバランスをあやつって、あくまで酵母のみに有利な方へもってゆこうとするのが酛造りの技術の中心であり秘訣でもある。すなわち、酛つくりのはじめの段階では、乳酸菌のはん殖を助けるが、

昔の暖気樽(左)と今日のステンレス・スチール
(アルミニウム製もある)の暖気樽(右)

そのおかげで酵母の座が確立しかけると見てとるや、今度は乳酸菌をおさえて酵母のみを助ける策に出るのである。その手段の中心は暖気樽(だきだる)による加温と攪拌とである。温度の上ることは乳酸菌にもわるくはないが、悲しいことには乳酸の毒作用が培加するのである。そして攪拌による空気の供給も乳酸菌があまり好まないのに、酵母にとっては断然スタミナ源となる。このようなわけで、結局乳酸菌は死滅して、酵母のみの天下となる。ビールの場合のように完全に殺菌した液に、酵母の純粋のたねを植えて造るのではなしに、自然の環境をたくみにつくり出して、外部から入ってくる酵母の純粋培養を造り上げる方法であるから、ドイツの学者は、これに「自然的純粋培養法」という大変うまい名前をつけてくれた。それにしても、微生物もわからなかった大昔に、よくもこれだけたくみな方法を案出したものである。

舌がたより

顕微鏡やいろいろな分析法が完備した現在ならいざ知らず、昔の時代に、このような複雑な微生物の間の戦争をコントロールすることが一体どうしてなされたか。そこでは分析法の代用をつとめたのは専ら舌である。次の文章を見れば、昔の技術者が、いかに巧みに、麹菌の作用は甘味で、酵母の作用は泡とカラ味で、乳酸菌の作用は酸味と渋味とで、よくその過不足を察し、それを目安に操作をコントロールしたかがよく理解される。

「皆さま方へ酛の味の出る工合のところより、あるいは甘味と酸味と両様とも後に至りおいおい変化を成すことから、いよいよ上酛(上等の酛の意味)と相成る味合(あじあい)のところまで秘密伝授を申上げまするから、よく御承知下さるべし。定めて皆さまも御案内でありましょうが、酛は最初よく熟したるところは、唯々甘味一方なれども、よく熟するに従うて、酸味と辛味とが出るなり。この次にまたおいおい苦味と渋味が出るなり。この苦味と渋味がつよく成るに従うて、最初出たる甘味と酸味は、おいおいぬけて、いよいよ酛と定まりたる時の味合のところは、苦味と渋味に相成るものなり。また暖気樽を入れて行くに従うて湧きついて、おいおい泡が出て、だんだん大泡に相成りまして高く上ります。また湧くに従うて、甘味も酸味もおいおい苦味渋味の方へまわりて強く相成りますから、たびたび喰うて見ております。甘味七分通りぬけるまでは、やはり暖気樽を入れてゆきます。いよいよ七分まで抜け去りたると思いたれば、そこで暖気樽をぬき出してしまいます。側（そば）についていて、甘味と酸味のぬけ去るを待っております。このところに至りては、すこしも油断はいたしません。まず酛中に於いて、ここのところが一番むつかしい実に肝要といたすところでございます。」(明治初年の酒造指導書による)

これまで述べた酛は、いわゆる「寒造りの酒」の酛で、今もなお行われている方法であるが、このほかに、昔からわが国には、夏や春秋のような温暖な

菩提酛

時節にも酒が造られていた。このような低温という有利な条件をはずした場合には、専ら酸の防腐作用にたよらなければならない。そこで、乳酸菌を特に強力に利用する酛の造り方が古くから工夫されている。それは「菩提酛（ぼだいもと）」とか、「水酛（みずもと）」とかいわれている酛の造り方である。

江戸時代以前には、酒はふつう年二回造られていて、旧暦の九月につくるのが正月酒または冬酒で、春から夏にかけて消費するために冬二月頃に造るのが夏酒といって、これが江戸の寒造りの酒の先祖にあたる酒の造り方である。前者、すなわち旧暦の九月頃

からつくられる冬酒は、江戸時代になっても広く地方の田舎で造られ、菩提（ぼだい）、新酒(九月上旬)、寒前酒（かんまえざけ）、間酒（あいざけ）(秋と冬との間につくる酒)、秋酒、春酒などと呼ばれていた。

菩提酛はこのように季節はずれの暖い時期に造らねばならぬ方法であるから、特別に乳酸菌だけを強くそだてて、害菌を生えさせないためのきわめて巧みな方法が工夫されている。菩提酛が五〇〇年前、足利時代にもすでに行われていたことは、『御酒之日記』(東大史料編纂所蔵、今枝愛真氏による)に、菩提酛の方法による酒の造り方が二つほど出ていることからも明らかである。そのうちの一つをあげてみよう。

室町時代の酛造り

「菩提泉　白米一斗澄むほど洗うべし。そのうち一升を取りて「おたい」(飯のこと)にすべし。夏にてあれば、その飯をよくよくさますべく候。それをざるにいれてひやし、米の中に置くべし。口を一日包みて一夜置くべし。三日目に別の桶をそばにおいて、上の澄みたる水を汲みて取るべし。その時下の米をあけてよくよくむすべく候。夏にて候えばよくよくさますべし。こうしは五升、一升取りてよそに置くべし。一升のこうし、一升のおたいと合せて半分桶のそこにしくべく候。四升こうしをばおたいともみ合せて作り入り候。その時に以前くみ置きて候水を、一升はかりて上より入れ候。その時に以前のこつたるおたいを上よりひろけて置くべし。席(むしろ?)を以て口を包み候。」

このつくり方は、ふつう白米を蒸す前に水に漬けるが、その時白米のうちの一小部分(一升)を別にして、これで飯をたき、その飯をざるに入れて、水に漬けた米の中へうずめておく。その漬け水の一部分を別に取っておいて、それを、蒸米と麹で酒を仕込む時に加えるという方法である。この「菩提泉」という酒の造り方ではまだ、酛ともろみの区別がなくて、酛をそのまま飲むようにできているので、さぞかし酸っぱい渋い酒であったろうと思われる。

漬け水の中へ飯

確実な方法

何故このような手数をかけて、米の漬け水を取っておいて仕込みに使うか。これはつまり乳酸菌の添加である。漬け水の中へ飯を入れれば、飯の中から水中へ乳酸菌の養分がたくさんとけ出すから、その中には先ず乳酸菌がよくはん殖する。それを仕込みに使うのだから、前述の生酛(寒造りの酛)よりはよほど確実に乳酸醗酵がおき、従って酵母の座も安全に確立されるというわけで、まことによく考えたものである。

江戸時代になると、飯のかわりに米麹を使っているが、この方がさらにとけ出す養分の種類も量も多いから、乳酸菌のはん殖には好適である。琉球の泡盛でも、昔からこれに似た方法を取っているところを見ると、あるいは、このヒントは中国あたりにあるのではないかと思われる。

直訳型の酛造り

明治のはじめ、西洋の新技術がはじめて入って来た当時は、いろんな分野で思わぬ悲喜劇が演ぜられたが、わが酒造界も例外ではなかった。「在来の生酛や水酛の方法は、文明開化の時代には通用しない未開野蛮な方法である。酵母はすべからく、泰西のビールの製造法の如く造らなければならぬ」というので、ビールの本をたずさえて、直訳型の酛造りを指導に出かけた中央の偉い先生や技師たちが、至るところで大腐造を引きおこして、命からがらの夜逃げをしたというような笑えぬ話もあったくらいである。

速醸酛の発明

明治三七年(一九〇四)に醸造試験所が設立されるや、同所の所員が東大農学部の研究陣と共同して、日本の酒造法を根本的に再検討する研究がはじまった。その時、酛の乳酸菌の研究を受け持った故江田鎌治郎技師が、上に述べたような乳酸菌の大切な役割をはじめて確認することになった。その結果、在来の「菩提酛」のように乳酸菌を加えるかわりに、酛に直接に乳酸を加える方法を発明し、これを「速醸酛」と命名した。この方法は古来の菩提酛の方法を一段と合理化したものであって、現在日本酒の大部分はこの方法による酛を使って造られているのである。

それで出来る酒は生酛系の「山廃酛」の酒に比べると多少深味や幅に欠けるところがあるが、淡麗清冽の点ですぐれ、前者が熟成を経て、新秋冷やおろしなどに「秋落ち」

のしない力強い酒を造り出すのに対し、早出しの新酒にはこの方に歩があるといわれている。酒造家のうちには、この両系の酒をブレンドして両者の特徴をもりこんだ酒を出しているものもある。ブレンドはウィスキーの場合にも、酒をマリッジ(結婚)させるといって、一番大切な方法であるが、わが江戸時代の文献にも酒の「交合」という似たような言葉がある。

酛の話のついでに、もう一つぜひ述べさせていただきたい日本の酒の、他国の酒のまねのできない特徴がある。それは日本の酒のアルコール含量の高いことである。

世界一のアルコール含量

酒類のアルコール含量は、容量パーセントにして、ふつうのビールは三―四パーセント内外、葡萄酒は八―一三パーセント内外、中国の老酒も一〇―一四パーセント内外(イギリスの大昔のビールもこんなところ)である。ところが、日本酒は、市販されているものは、統制の結果アルコールをおとして、大部分は一五―一六パーセントにつくってはあるが、実はタンクからしぼりたての「原酒」のアルコール含量は、一八パーセント以上、多い場合には二〇―二二パーセントに及ぶものさえある。焼酎や、ウオッカや、ウィスキー、ブランデーのような蒸溜して造る酒類であれば、どんな高い含量も自由自在であるが、醱酵液のままの酒としては、まことに世界にその比を見ない高パーセンテージである。

酵母のせいか

このような日本酒に限られた特異な現象については、昔から日本の学者も西洋の学者もふしぎにたえないので、たくさんの研究や見解がなされている。西洋学者のうちの有力な説では、日本酒酵母が特別にアルコール耐性が強いためであるというのだが、日本の研究者は必ずしもそれに賛意を表してはいない。それが西洋人のいうような日本酒酵母の特殊性ではないことは、醸造試験所の前所長であった山田正一博士が、葡萄酒酵母、ビール酵母、パン酵母あるいはアルコール酵母を使って清酒と同じ方法で酒を造ってみたら、いずれの酵母でも同様に高いアルコール含量の酒ができたことで、あざやかに実証され、完全にとどめをさされた形である。

それにしても、清酒の醸造法のどんなところに、その原因があるか。おそらく麴の糖化と酵母の醱酵とが、同じタンクの中で同時に行われるという日本酒の特異な技術のうちに、そのなぞを解く鍵がひそんでいるに相違ない。九大の本江教授によると醪（もろみ）の固形成分が作用して、酵母の耐アルコール性を高める環境を造り出すほかに、別にそのような力のある新物質もできてくるためであるという。

近代科学と酒造りの道

要するに、われらの祖先の智慧の所産であるわが日本の酒造りの道は、近代科学の微生物学や、生態学の知識によって、その優れたところを説明され、それによって合理化されて来たのであるが、まだまだ現代の科学の程度では説明や解決のできないたくさんの宝の山をかかえているように思われる。そして今までの酒造りの研究と、科学との関係をかえりみると、微生物学や生態学が酒造の説明や合理化に役立ったのにくらべると、生化学の方は、酒の成分の研究から、合成清酒という、今までに類のない「変りだね」を世界の酒界におくり出したという点で、きわめて変った独創的な役割をはたしたものと見られるのである。

あとがき

『世界の酒』の次が『日本の酒』ということになった。うっかりお引きうけしてしまったあとでよく考えてみると、これは大変なことだということに気がついた。先ず第一に、明治以来この話題で書かれた書物のおびただしい数から見ても、すでにあらゆる角度から書きつくされていることは申すまでもない。その上、酒についてはどんなしろうとでも、それぞれ一応の知識や意見をもっていて、ややもすれば筆者のように研究室にこもって酒のまわりのみをうろつくような研究に没頭して来たものよりは、一般の読者諸君の方がよほど広い知見をもたれているからである。しかし今さらおことわりするわけにもゆかないので、いろいろ考えたあげくに、先ず筆者の専門に比較的近い関係から、昔からの日本の酒造りの技術を書いた文献でも集めて、現在のような製法がどんな経路で出来上ってきたものか、またそれを通じてわれらの祖先の科学する能力などをも探ってみたらということを思いついた。

その次には、そのようにして築きあげられて来た日本の酒造りの方法が、今の科学の最先端の眼から見てどんなところが興味深いか、また優れているかということにも触れて、少し大げさな言い分ではあるが、人類の将来の大切な工業形式の一つに数えられている「生物工業」(バイオエンジニヤリング)が、はたしてどんなにむつかしい、そして風変りなものであるか、その一端でものぞいていただけたらとも思ったのである。しかし日本の酒の話ともなれば、当然それだけでは済まされない。現代の酒をめぐるいろんな社会的生態についてよけいな記述もつけ加えないわけにはゆかない。このような部分はことに筆者の不得手とするところであって、見当ちがいや、間違いや、またはそれぞれの当事者にさしさわりのあることも少なくなかろうと思われる。ここにあらかじめお詫びの言葉を申し述べさせていただきたい。

本書のねらいの一つとして、読者諸君が日頃親しまれている清酒が、どのような場所でどのようにして造られているかということが、案外知られていないので、もっと酒に親しんでいただくために、古い絵や現状の写真をできるだけ入れることにした。その部分の企画や、珍しい原写真の多くは、ひとえに岩波書店編集部の田村義也氏のお力によるところである。また酒造の実技にうとい筆者のミスを案じて、進んで厄介な検閲の労をおとり下さったその道の大家、日本酒造組合中央会渡辺八郎技師、東京農業大学教授(前醸造試験所長)山田正一博士、醸造試験所長鈴木明治博士等の御友情、珍しい文献や貴重な著書をお貸しいただいた伊藤保平氏、山邑太左衛門氏、香西大見宮司、住江金之教授、篠田統教授、増田徳兵衛氏、村井三郎氏、竹村成三博士、古文献解読について御指導を仰いだ東大史料編纂所員今枝愛真氏、佐竹大通氏、工場撮影のお許しをいただいた灘の「白鶴」「白鹿」および「菊正宗」、伏見の「月桂冠」、伊丹の「白雪」、宮城県の「松緑」の各醸造元、そのほか御助力を仰いだ多くの方々に対しては深甚なる感謝の意を表させていただきたい。

一九六四年五月

著者

解説

酒の生き神さま――坂口謹一郎先生の酒学

小泉武夫

今から四十年も前の話であるから、四昔前という事になるのだろうか。当時、国税庁醸造試験所の所長を御退官直後であった鈴木明治博士から、「坂口先生にお出ましを願って一献飲(や)る事になった。めったに飲めない秘密の酒があるから来ないか」という誘いをいただいた。いわれた所に行ってみると、そこは上野の場末の怪しげな焼肉屋の二階で、その時の参会者は坂口謹一郎先生、鈴木明治先生、東京大学史料編纂所所長今枝愛真教授、同編纂所近衛通隆教授、岩波書店編集部の田村義也氏、それに私の六人であった。

実はその焼肉屋の二階で飲んだ酒はどぶろく(濁酒)で、その店の主人が密かに醸した密造酒であった。なるほど秘密の酒である。青磁の丼に満満(なみなみ)とどぶろくを注いで、六人がグイー、グイーと呷(あお)るようにして味わったのであったが、その時に坂口先生がそのどぶろくを前にして語られた「濁り美味学に就いて」といった内容の即席講義の味わいは、今もって忘れえぬものとなっている。どぶろくのうまさの原点は、ひとえにあの濁りにあって、例えば味噌汁の上澄みはあまりうまくないのであって、下に沈んだ濁りの部分を混ぜ合わせるとうまみが出てくるのは、濁りに含まれるコロイド状粒子が舌の味蕾(みらい)を刺激してうまみを引き立たせるためであり、どぶろくもそのように濁りがあってこそうまいのである、というふうに、酒とは全く別の身近にある飲みものを例に出して、自然体そのままで澹澹(たんたん)と語られるので、私のような堅い頭でも、あっという間に理解できたのであった。

酒に係る本は、戦前戦後を通して枚挙に遑(いとま)がないほど多い中で、歴史的名著として燦然と輝いてきたのが坂口謹一郎先生の『日本の酒』(岩波新書・昭和三十九年初版)である。同新書からは、それより七年前に「新鮮なる文化紀行の名著」と評された『世界の酒』(岩波新書・昭和三十二年初版)が同じ坂口先生によって世に出されており、いわば『日本の酒』はそれを受けて出された日本民族の酒の叢書であった。その『日本の酒』の中に、ほんの数行、どぶろくに触れた次のようなところがある。「特徴ある地酒が造り出されるようになれば、日本の国はどれほど楽しくなるか。またそのような酒屋で、冬の醸造の時季に、まだ湧きたての、何となく甘酸っぱい中にもアルコールの辛味をきかしたあたたかい「どぶろく」を出してくれるようにでもなれば、なおさらのことである」。坂口先生は、醸(か)もし酒のうまさの原点を普段我々の頭では考えつかない部分にまで広げていたことがよく解る一節である。そして、酒のその原点的うまさを貪欲なまでに堪能しようと、上野の薄汚ない焼肉屋まで足を運ばれて、じっくりとどぶろくを味わっていた坂口先生の姿の大きかったこと。なお、ついでだから話をしておくと、坂口先生の『日本の酒』が世に出て五年後には、国税庁が酒造会社で造るどぶろくを酒税法で日本酒として認めている。それが今日の「濁り酒（にごりざけ）」だ。

その上野の焼肉屋をいい酔い機嫌となって出て、その勢いで次に行ったところが湯島にある「エスト」というバーであった。この店の名は、坂口先生が命名されただけあって、先生はますます御機嫌宜敷く、うまそうにワインをすすっていた。その店での先生の即席講義第二部はワイン学であった。「ワインというのは澱（おり）が付きものだが、その澱はワインの性格を実によく語ってくれるものである。だからフランスやドイツのワイン醸造の技師たちはね、いつもワインの澱を味わっているのであって、まあ、ワインの澱知らずしてワインを語るなかれだよ」といった具合いだった。その講義を拝聴しながら、田村氏と私はそちこちのワインを次から次にガブガブと飲んでいたらば、「ぶどう酒は飲むべきでなく味わうものである」と、ピシャリとやられてしまった。とにかくその辺りのワインの鑑賞の極意は、『世界の酒』の中にもしっかりと述べられている。

さて、「エスト」を出てもう夜は深くなってきたというので、鈴木明治先生、今枝愛真教授、近衛通隆教授はそこでお帰りになられて、坂口先生を御自宅までお送りするのが田村氏と私の役目であった。坂口先生は東横線の学芸大学駅、私も同じ東横線の菊名駅で下りるので、私には都合がよかった。三人で学芸大学駅におりて、先生の御自宅まで歩いて行って、着いたのは午後十一時を少し廻っていたころである。賑やかに三人が玄関から入っていったので、先生の奥様はびっくりなされたが、坂口先生は大変に御機嫌がよく、帰ろうとしている田村氏と私を無理やり台所に案内してくれた。一体、なぜ台所かと思っていたらば、かなり酔っていてこちらも大御機嫌よろしい田村氏が、かって知ったる他人の台所といった調子で、その台所の床に四角に切ってある畳一畳ほどの大きさの床下収納庫の扉を上に持ち上げるようにして開けると、何と何と、そこにはおそらく百本は超すであろう酒が静かに息づきながらねむっていた。つまり半地下室の酒類の貯蔵庫である。それを見た時、私は坂口先生は酒を心の底から愛している偉大な御人だなあと思った。それまでの私などは、酒を手に入れたら直ぐに胃袋に吸収させてしまうか、学生たちと賑やかに飲み干してしまうのが関の山だというのに、先生はこうして半地下室という、光も射してこず温度も低めに一定という所に大切に酒を保管して、じっくりと育てているのであるから、それを見た私は頭が土に着くぐらいに下ったのであった。実は今だから白状するが、その直ぐ後、私は先生の許しも得ずにそれと全く同じ床下収納庫を自分の家の台所につくって、以後は酒を大切に保管しはじめたのであった。その辺りの先生の酒に対する愛情とその心は、『愛酒樂酔』や『古酒新酒』に自然体で詠み込まれている。

その床下収納庫から、ちょうどいい具合いに熟成した酒を抜きとった田村氏のおかげで、三たび酒盛りと相成って、午前零時を大きく過ぎた頃まで酒談義をしたが、いつも、いくら飲まれても崩れた酔態というものをまったく見せない偉人は、その時も最後までニコニコとされて酒を楽しんでおられた。それにしても今思うと、坂口先生は大変な眼力の持ち主でもあった。例えば先に述べたように、どぶろくが世に出ると酒好きも造り酒屋も助かるといったことを『日本の酒』に書くと、数年後はもう国税庁がそれを許して市場にその酒が出廻ったり、さらに同じく『日本の酒』で、アルコールや糖類を加えたいわゆる「三倍増醸」という酒は、いずれ消費者から見放されるであろうから、やはり伝統の造り方に戻すべきである、といった警鐘を鳴らしてからは、次第に日本酒業界はその軌道を修正しはじめて、ついに今日では市場に出ている大半の酒は本醸造、純米酒、吟醸酒といった本格指向の酒になってきている。さらに『日本の酒』に於いては、「古酒礼讃」、「熟成の美徳」といった表現で熟成古酒を次のように論じている。「古くなれば古いほど、品質も値もうなぎ登りというのが、シェリー、ポートをはじめ、葡萄酒やシャンパンや、中国のいろんな酒類に至るまで、およそ世界の酒のならわしである。ところが、わが日本の酒に限っては、清酒はもちろんのこと、焼酎のようなウィスキーやコニャックに相当する高濃度の蒸留酒でさえ、貯蔵による風味の調熟ということを、やかましくいわないのは、まことにふしぎである」。この日本酒の長期熟成に対する鋭い指摘は、それまで、日本酒は古くなると劣化が激しくなって飲めない酒になる、とされた頑（かたく）なな考え方を軟化させ、業界の一部の人たちの努力も実って、今日では日本酒の古酒、長期熟成酒が愛酒家の間で人気となり、通常の日本酒の数倍の高値で市販されるようになったのである。

そして、先生の酒に対する愛情を一番如実に表わしていると私に思えるのは『日本の酒』の中に書かれている「品評会の功罪」という箇所である。全国清酒品評会（全国新酒鑑評会）は、日本酒の品質を官能評価して酒造業者が腕を競い合う舞台で、明治四十年に大蔵省国税局が主催して開催され今日に至っているものである。この間、酒質の向上やそれに伴なう消費量の増大など、品評会の果してきた役割は甚だ大きく、高く評価されている。ところが今日では、全国の酒造家が平均して技術力が向上し、出品酒間の酒質に逕色の無い状況となった下で、酒造家同士が激しく金賞をとり合うために、さまざまな弊害が生じてきている。しかし坂口先生は、今から四十年以上も前の初版で、すでに次のような警鐘を、ズバリ言い切っているのである。「酒にかぎらず、一般に嗜好品や食品の良否の判定ほどむつかしいものはない。それは、ものさしなどで簡単に計ることのできない、官能的な要素が主要な部分を占めてくるからである。その上、審査という以上は、何をおいても先ず広い大衆の嗜好によってバックアップされなければならないが、少数の審査員ではこれはなかなかむつかしい仕事である」「このようないろいろの面から、酒を完全に審査することは、実際は神様でもなければ不可能なことである」と。

坂口先生からは、私に二つの仕事が与えられた。その一つは、鈴木明治博士を通してのもので、日本酒を飲んだ人の吐息には、熟柿臭(じゅくししゅう)という特有の不快な匂いが時々発生してくる。あの正体は一体何か、そして発生のメカニズムはどうなのかを追求せよ、という難問であった。最初は、酒がいっぱい飲める研究だからこりゃいいや、と思って始めたのだが、それがなかなか大変で、この研究には五年もかかった。しかし、おかげ様でその正体や発生のメカニズムが解明でき、この研究によって伊藤保平賞という学術賞を授けられたのも、ひとえに坂口先生と鈴木先生との出会いの賜だったと今でも感謝している。今ひとつの仕事というのはある時、坂口先生の御宅に用事があって行った時、「物を燃やした後に出る灰について調べて一冊の本にまとめたらどうか」という、更に厳しい難問をいただいたのだった。とにかく灰に関する文献などなかなか見つけ出せず、ついに古文書にまでたどり着いたりして、何とか七年を費やして、『灰の文化誌』という、灰だらけの本を世に出すことができた。

最後になったがある時、酒の神さま・坂口謹一郎先生に「名酒とはどんな酒だと思われますか?」と聞いてみたことがあった。すると、すかさず返ってきた返事が、「喉(のど)にさわりなく、水の如く飲める酒」というものであった。雑味が無く、淡麗妙味なる酒。坂口謹一郎先生は本物の酒の神さまであった。

坂口謹一郎略年譜

一八九七(明治三〇)年一一月一七日　新潟県高田(現、上越市)に生まれる。
一九二二(大正一一)年　東京帝国大学農学部農芸化学科卒業。
一九三二(昭和　七)年　農学博士。
一九三八(昭和一三)年　日本農学賞を受賞。
一九三九(昭和一四)年　帝大農学部の助手、講師、助教授を経て教授就任。
一九四三(昭和一八)年　農林省食糧研究所所長就任(兼任)。
一九五〇(昭和二五)年　日本学士院賞受賞。
一九五二(昭和二七)年　東京大学農学部長就任。
一九五三(昭和二八)年　東京大学応用微生物研究所長(初代)就任。
一九五七(昭和三二)年　岩波新書『世界の酒』刊行。
一九五八(昭和三三)年　『歌集 醱酵』刊行。東京大学教授定年退官。
一九五九(昭和三四)年　理化学研究所副理事長就任。
一九六〇(昭和三五)年　日本学士院会員。
一九六二(昭和三七)年　フランス農学学士院外国会員。

一九六四(昭和三九)年　発明協会恩賜賞受賞。岩波新書『日本の酒』刊行。
一九六五(昭和四〇)年　フランス・レジオン・ドヌール勲章受章。
一九六六(昭和四一)年　藤原賞受賞。
一九六七(昭和四二)年　文化勲章受章。
一九七四(昭和四九)年　勲一等瑞宝章受章。『古酒新酒』刊行。
一九七五(昭和五〇)年　新春御歌会始の儀に召人。
一九八六(昭和六一)年　『愛酒樂酔』刊行。
一九九四(平成六)年一二月九日　逝去。

(秋山裕一作成)

〈編集付記〉

一、底本には岩波書店刊『坂口謹一郎 酒学集成1』(一九九七年一〇月)を使用した。
本書の初版は、岩波新書『日本の酒』(一九六四年)であり、その後、新書最終版(第二七刷、一九八九年四月一五日)をもとにして、著者の逝去後、岩波書店刊行「坂口謹一郎 酒学集成」(全5巻、一九九七―九八年)第1巻に収録されたものである。

一、本文中の酒の生産量などの数値・図版で「秋山補」とあるものは、著者生前の方針に従って『酒学集成1』で秋山裕一氏が補訂されたものであり、同氏による巻末年譜も転載させていただいた。

日本の酒

2007年8月17日 第1刷発行
2023年9月25日 第13刷発行

著 者 坂口謹一郎

発行者 坂本政謙

発行所 株式会社 岩波書店
〒101-8002 東京都千代田区一ツ橋2-5-5

案内 03-5210-4000 営業部 03-5210-4111
文庫編集部 03-5210-4051
https://www.iwanami.co.jp/

印刷・精興社 製本・中永製本

ISBN 978-4-00-339451-9 Printed in Japan

読書子に寄す

――岩波文庫発刊に際して――

岩波茂雄

真理は万人によって求められることを自ら欲し、芸術は万人によって愛されることを自ら望む。かつては民を愚昧ならしめるために学芸が最も狭き堂宇に閉鎖されたことがあった。今や知識と美とを特権階級の独占より奪い返すことはつねに進取的なる民衆の切実なる要求である。岩波文庫はこの要求に応じそれに励まされて生まれた。それは生命ある不朽の書を少数者の書斎と研究室とより解放して街頭にくまなく立たしめ民衆に伍せしめるであろう。近時大量生産予約出版の流行を見る。その広告宣伝の狂態はしばらくおくも、後代にのこすと誇称する全集がその編集に万全の用意をなしたるか。千古の典籍の翻訳企図に敬虔の態度を欠かざりしか。さらに分売を許さず読者を繋縛して数十冊を強うるがごとき、はたしてその揚言する学芸解放のゆえんなりや。吾人は天下の名士の声に和してこれを推挙するに躊躇するものである。このときにあたって、岩波書店は自己の責務のいよいよ重大なるを思い、従来の方針の徹底を期するため、すでに十数年以前より志して来た計画を慎重審議この際断然実行することにした。吾人は範をかのレクラム文庫にとり、古今東西にわたって文芸・哲学・社会科学・自然科学等種類のいかんを問わず、いやしくも万人の必読すべき真に古典的価値ある書をきわめて簡易なる形式において逐次刊行し、あらゆる人間に須要なる生活向上の資料、生活批判の原理を提供せんと欲する。この文庫は予約出版の方法を排したるがゆえに、読者は自己の欲する時に自己の欲する書物を各個に自由に選択することができる。携帯に便にして価格の低きを最主とするがゆえに、外観を顧みざるも内容に至っては厳選最も力を尽くし、従来の岩波出版物の特色をますます発揮せしめようとする。この計画たるや世間の一時の投機的なるものと異なり、永遠の事業として吾人は微力を傾倒し、あらゆる犠牲を忍んで今後永久に継続発展せしめ、もって文庫の使命を遺憾なく果たさしめることを期する。芸術を愛し知識を求むる士の自ら進んでこの挙に参加し、希望と忠言とを寄せられることは吾人の熱望するところである。その性質上経済的には最も困難多きこの事業にあえて当たらんとする吾人の志を諒として、その達成のため世の読書子とのうるわしき共同を期待する。

昭和二年七月

《日本文学（古典）》〔黄〕

- 古事記　倉野憲司校注
- 日本書紀　全五冊　坂本太郎・家永三郎・井上光貞・大野晋校注
- 万葉集　全五冊　佐竹昭広・山田英雄・工藤力男・大谷雅夫・山崎福之校注
- 原文万葉集　全二冊　佐竹昭広・山田英雄・工藤力男・大谷雅夫・山崎福之校注
- 竹取物語　阪倉篤義校訂
- 伊勢物語　大津有一校注
- 玉造小町子壮衰書 —小野小町物語　杤尾武校注
- 古今和歌集　佐伯梅友校注
- 土左日記　紀貫之　鈴木知太郎校注
- 源氏物語　全九冊　柳井滋・室伏信助・大朝雄二・鈴木日出男・藤井貞和・今西祐一郎校注
- 源氏物語 山路の露・補作 雲隠六帖 他二篇　今西祐一郎編注
- 枕草子　池田亀鑑校訂
- 更級日記　西下経一校注
- 今昔物語集　全四冊　池上洵一編
- 西行全歌集　久保田淳・吉野朋美校注
- 建礼門院右京大夫集 付 平家公達草紙　久松潜一・久保田淳校注
- 後拾遺和歌集　久保田淳・平田喜信校注
- 詞花和歌集　工藤重矩校注
- 古語拾遺　斎部広成撰　西宮一民校注
- 王朝漢詩選　小島憲之編
- 新訂 方丈記　市古貞次校注
- 新訂 新古今和歌集　佐佐木信綱校訂
- 新訂 徒然草　西尾実・安良岡康作校注
- 平家物語　全四冊　梶原正昭・山下宏明校注
- 神皇正統記　北畠親房　岩佐正校注
- 御伽草子　全二冊　市古貞次校注
- 王朝秀歌選　樋口芳麻呂校注
- 定家八代抄 —続王朝秀歌選　全二冊　樋口芳麻呂・後藤重郎校注
- 閑吟集　真鍋昌弘校注
- 中世なぞなぞ集　鈴木棠三編
- 謡曲選集 読む能の本　野上豊一郎編
- 東関紀行・海道記　玉井幸助校訂
- おもろさうし　外間守善校注
- 太平記　全六冊　兵藤裕己校注
- 好色五人女　井原西鶴　東明雅校註
- 武道伝来記　井原西鶴　横山重・前田金五郎校注
- 西鶴文反古　井原西鶴　片岡良一校訂
- 芭蕉紀行文集 付 嵯峨日記　中村俊定校注
- 芭蕉おくのほそ道 付 曾良旅日記・奥細道菅菰抄　萩原恭男校注
- 芭蕉俳句集　中村俊定校注
- 芭蕉連句集　中村俊定・萩原恭男校注
- 芭蕉書簡集　萩原恭男校注
- 芭蕉文集　潁原退蔵編註
- 芭蕉俳文集　全二冊　堀切実編注
- 芭蕉自筆 奥の細道　上野洋三・櫻井武次郎校注
- 蕪村俳句集 付 春風馬堤曲 他二篇　尾形仂校注
- 蕪村七部集　伊藤松宇校訂
- 蕪村文集　藤田真一編注
- 折たく柴の記　新井白石　松村明校注
- 近世畸人伝　伴蒿蹊　森銑三校註

雨月物語	上田秋成 長島弘明校注
宇下人言 修行録	松平定信 松平定光校訂
新訂 一茶俳句集	丸山一彦校注
増補 俳諧歳時記栞草 全二冊	曲亭馬琴編 藍亭青藍補 堀切実校注
北越雪譜	鈴木牧之編撰 京山人百樹刪定 岡田武松校訂
東海道中膝栗毛 全二冊	十返舎一九 麻生磯次校注
浮世床	式亭三馬 和田万吉校訂
梅暦 全二冊	為永春水 古川久校訂
百人一首一夕話 全二冊	尾崎雅嘉 古川久校訂
日本民謡集	町田嘉章 浅野建二編
芭蕉臨終記 花屋日記 付 芭蕉翁終焉記・前後日記・行状記	小宮豊隆校訂
醒睡笑 全二冊	安楽庵策伝 鈴木棠三校注
歌舞伎十八番の内 勧進帳	郡司正勝校注
江戸怪談集 全三冊	高田衛編・校注
柳多留名句選	山澤英雄選 粕谷宏紀校注
松蔭日記	上野洋三校注
鬼貫句選・独ごと	復本一郎校注

井月句集	復本一郎編
花見車・元禄百人一句	雲英末雄 佐藤勝明校注
江戸漢詩選 全二冊	揖斐高編訳

《日本思想》〔青〕

- 風姿花伝（花伝書） 世阿弥／野上豊一郎・西尾実 校訂
- 五輪書 宮本武蔵／渡辺一郎 校注
- 養生訓・和俗童子訓 貝原益軒／石川謙 校訂
- 貝原益軒 大和俗訓 石川謙 校訂
- 日本水土考・水土解弁・増補華夷通商考 西川如見／飯島忠夫・西川忠幸 校訂
- 蘭学事始 杉田玄白／緒方富雄 校註
- 島津斉彬言行録 牧野伸顕 序
- 塵劫記 吉田光由／大矢真一 校注
- 兵法家伝書 付 新陰流兵法目録事 柳生宗矩／渡辺一郎 校注
- 長崎版 どちりな きりしたん 海老沢有道 校註
- 農業全書 宮崎安貞 編録／貝原楽軒 刪補／土屋喬雄 校訂
- 仙境異聞・勝五郎再生記聞 平田篤胤／子安宣邦 校注
- 茶湯一会集・閑夜茶話 井伊直弼／戸田勝久 校注
- 西郷南洲遺訓 附 手抄言志録及遺文 山田済斎 編
- 文明論之概略 福沢諭吉／松沢弘陽 校注
- 新訂 福翁自伝 富田正文 校訂

- 学問のすゝめ 福沢諭吉
- 福沢諭吉教育論集 山住正己 編
- 福沢諭吉家族論集 中村敏子 編
- 福沢諭吉の手紙 慶應義塾 編
- 新島襄の手紙 同志社 編
- 新島襄 教育宗教論集 同志社 編
- 新島襄自伝 —手記・紀行文・日記 同志社 編
- 植木枝盛選集 家永三郎 編
- 日本の下層社会 横山源之助
- 中江兆民 三酔人経綸問答 桑原武夫・島田虔次 訳・校注
- 中江兆民評論集 松永昌三 編
- 憲法義解 伊藤博文／宮沢俊義 校註
- 日本風景論 志賀重昂／近藤信行 校訂
- 日本開化小史 田口卯吉／嘉治隆一 校訂
- 新訂 蹇蹇録 —日清戦争外交秘録 陸奥宗光／中塚明 校注
- 茶の本 岡倉覚三／村岡博 訳
- 武士道 新渡戸稲造／矢内原忠雄 訳

- 新渡戸稲造論集 鈴木範久 編
- キリスト信徒のなぐさめ 内村鑑三
- 余はいかにしてキリスト信徒となりしか 内村鑑三／鈴木範久 訳
- 代表的日本人 内村鑑三／鈴木範久 訳
- 後世への最大遺物・デンマルク国の話 内村鑑三
- ヨブ記講演 内村鑑三
- 足利尊氏 山路愛山
- 徳川家康 全二冊 山路愛山
- 豊臣秀吉 全二冊 山路愛山
- 妾の半生涯 福田英子
- 三十三年の夢 宮崎滔天／島田虔次・近藤秀樹 校注
- 善の研究 西田幾多郎
- 続思索と体験・『続思索と体験』以後 西田幾多郎
- 西田幾多郎哲学論集 II —論理と生命 他四篇 上田閑照 編
- 西田幾多郎哲学論集 III —自覚について 他四篇 上田閑照 編
- 西田幾多郎歌集 上田薫 編
- 西田幾多郎講演集 田中裕 編

西田幾多郎書簡集　藤田正勝編
帝国主義　幸徳秋水／山泉進校注
基督抹殺論　幸徳秋水
日本の労働運動　片山潜
貧乏物語　河上肇／大内兵衛解題
河上肇評論集　杉原四郎編
西欧紀行 祖国を顧みて　河上肇
中国文明論集　宮崎市定／礪波護編
史記を語る　宮崎市定
中国史 全二冊　宮崎市定
大杉栄評論集　飛鳥井雅道編
女工哀史　細井和喜蔵
奴隷 —小説・女工哀史1　細井和喜蔵
工場 —小説・女工哀史2　細井和喜蔵
初版日本資本主義発達史 全二冊　野呂栄太郎
谷中村滅亡史　荒畑寒村
遠野物語・山の人生　柳田国男

木綿以前の事　柳田国男
海上の道　柳田国男
蝸牛考　柳田国男
都市と農村　柳田国男
十二支考 全二冊　南方熊楠
津田左右吉歴史論集　今井修編
特命全権大使 米欧回覧実記 全五冊　久米邦武編／田中彰校注
日本イデオロギー論　戸坂潤
明治維新史研究　羽仁五郎
古寺巡礼　和辻哲郎
風土 —人間学的考察　和辻哲郎
和辻哲郎随筆集　坂部恵編
倫理学 全四冊　和辻哲郎
人間の学としての倫理学　和辻哲郎
日本倫理思想史 全四冊　和辻哲郎
「いき」の構造 他二篇　九鬼周造
九鬼周造随筆集　菅野昭正編

偶然性の問題　九鬼周造
田沼時代　辻善之助
パスカルにおける人間の研究　三木清
古代国語の音韻に就いて 他二篇　橋本進吉
吉田松陰　徳富蘇峰
林達夫評論集　中川久定編
新版 きけ わだつみのこえ —日本戦没学生の手記　日本戦没学生記念会編
新版 第二集 きけ わだつみのこえ —日本戦没学生の手記　日本戦没学生記念会編
君たちはどう生きるか　吉野源三郎
地震・憲兵・火事・巡査　山崎今朝弥／森長英三郎編
懐旧九十年　石黒忠悳
武家の女性　山川菊栄
覚書 幕末の水戸藩　山川菊栄
忘れられた日本人　宮本常一
家郷の訓　宮本常一
大阪と堺　三浦周行／朝尾直弘編
石橋湛山評論集　松尾尊兊編

手仕事の日本　柳宗悦
工藝文化　柳宗悦
南無阿弥陀仏　付 心偈　柳宗悦
雨夜譚　―渋沢栄一自伝　長幸男校注
中世の文学伝統　風巻景次郎
平塚らいてう評論集　小林登美枝・米田佐代子編
最暗黒の東京　松原岩五郎
日本の民家　今和次郎
原爆の子　―広島の少年少女のうったえ　全二冊　長田新編
臨済・荘子　前田利鎌
『青鞜』女性解放論集　堀場清子編
大津事件　―ロシア皇太子大津遭難　尾佐竹猛・三谷太一郎校注
幕末遣外使節物語　―夷狄の国へ　尾佐竹猛・吉良芳恵校注
極光のかげに　―シベリア俘虜記　高杉一郎
古典学入門　池田亀鑑
イスラーム文化　―その根柢にあるもの　井筒俊彦
意識と本質　―精神的東洋を索めて　井筒俊彦

神秘哲学　―ギリシアの部　井筒俊彦
意味の深みへ　―東洋哲学の水位　井筒俊彦
コスモスとアンチコスモス　―東洋哲学のために　井筒俊彦
幕末政治家　福地桜痴・佐々木潤之介校注
フランス・ルネサンスの人々　渡辺一夫
維新旧幕比較論　木下真弘・宮地正人校注
被差別部落一千年史　高橋貞樹・沖浦和光校注
花田清輝評論集　粉川哲夫編
新版 河童駒引考　―比較民族学的研究　石田英一郎
英国の文学　吉田健一
中井正一評論集　長田弘編
山びこ学校　無着成恭編
考史遊記　桑原隲蔵
福沢諭吉の哲学 他六篇　丸山眞男・松沢弘陽編
政治の世界 他十篇　丸山眞男・松本礼二編注
超国家主義の論理と心理 他八篇　丸山眞男・古矢旬編
田中正造文集　全二冊　由井正臣・小松裕編

国語学史　時枝誠記
定本 育児の百科　全三冊　松田道雄
哲学の三つの伝統 他十二篇　野田又夫
大隈重信演説談話集　早稲田大学編
大隈重信自叙伝　早稲田大学編
人生の帰趣　山崎弁栄
通論考古学　濱田耕作
転回期の政治　宮沢俊義
何が私をこうさせたか　―獄中手記　金子文子
明治維新　遠山茂樹
禅海一瀾講話　釈宗演
明治政治史　岡義武
転換期の大正　岡義武
山県有朋　―明治日本の象徴　岡義武
近代日本の政治家　岡義武
ニーチェの顔 他十三篇　氷上英廣・三島憲一編
伊藤野枝集　森まゆみ編

前方後円墳の時代　近藤義郎

日本の中世国家　佐藤進一

《歴史・地理》〔青〕

- 新訂 魏志倭人伝・後漢書倭伝・宋書倭国伝・隋書倭国伝 —中国正史日本伝1— 石原道博編訳
- 新訂 旧唐書倭国日本伝・宋史日本伝・元史日本伝 —中国正史日本伝2— 石原道博編訳
- ヘロドトス 歴史 全三冊 松平千秋訳
- トゥーキュディデース 戦史 全三冊 久保正彰訳
- ガリア戦記 カエサル 近山金次訳
- ランケ 世界史概観 —近世史の諸時代— 鈴木成高・相原信作訳
- ランケ自伝 林健太郎訳
- 歴史とは何ぞや ベルンハイム 坂口昂・小野鉄二訳
- 歴史における個人の役割 プレハーノフ 木原正雄訳
- 古代への情熱 —シュリーマン自伝— シュリーマン 村田数之亮訳
- アーネスト・サトウ 一外交官の見た明治維新 全二冊 坂田精一訳
- ベルツの日記 全二冊 トク・ベルツ編 菅沼竜太郎訳
- 武家の女性 山川菊栄
- インディアスの破壊についての簡潔な報告 ラス・カサス 染田秀藤訳
- ラス・カサス インディアス史 全七冊 長南実訳 石原保徳編
- コロンブス 全航海の報告 林屋永吉訳

- 戊辰物語 東京日日新聞社会部編
- 大森貝塚 —付 関連史料— E・S・モース 近藤義郎・佐原真編訳
- ナポレオン言行録 オクターヴ・オブリ編 大塚幸男訳
- 中世的世界の形成 石母田正
- 日本の古代国家 石母田正
- 平家物語 他六篇 石母田正 高橋昌明編
- クリオの顔 歴史随想集 E・H・ノーマン 大窪愿二編訳
- 日本における近代国家の成立 E・H・ノーマン 大窪愿二訳
- 旧事諮問録 —江戸幕府役人の証言— 全二冊 旧事諮問会編 進士慶幹校注
- 朝鮮・琉球航海記 —一八一六年アマースト使節団とともに— ベイジル・ホール 春名徹訳
- アリランの歌 —ある朝鮮人革命家の生涯— ニム・ウェールズ キム・サン 松平いを子訳
- さまよえる湖 全二冊 ヘディン 福田宏年訳
- 老松堂日本行録 —朝鮮使節の見た中世日本— 宋希璟 村井章介校注
- 十八世紀パリ生活誌 —タブロー・ド・パリ— 全二冊 メルシエ 原宏編訳
- 北槎聞略 —大黒屋光太夫ロシア漂流記— 桂川甫周 亀井高孝校訂
- ヨーロッパ文化と日本文化 ルイス・フロイス 岡田章雄訳注
- ギリシア案内記 全二冊 パウサニアス 馬場恵二訳

- 西遊草 清河八郎 小山松勝一郎校注
- オデュッセウスの世界 フィンリー 下田立行訳
- 東京に暮す —一九二八～一九三六— キャサリン・サンソム 大久保美春訳
- ミカド —日本の内なる力— W・E・グリフィス 亀井俊介訳
- 増補 幕末百話 篠田鉱造
- 幕末明治 女百話 全二冊 篠田鉱造
- トゥバ紀行 メンヒェン＝ヘルフェン 田中克彦訳
- 徳川時代の宗教 R・N・ベラー 池田昭訳
- ある出稼石工の回想 マルタン・ナド 喜安朗訳
- 植物巡礼 —プラント・ハンターの回想— F・キングドン-ウォード 塚谷裕一訳
- モンゴルの歴史と文化 ハイシッヒ 田中克彦訳
- ダンピア 最新世界周航記 全二冊 平野敬一訳
- ローマ建国史 全三冊（既刊上巻） リーウィウス 鈴木一州訳
- 元治夢物語 —幕末同時代史— 馬場文英 徳田武校注
- フランス・プロテスタントの反乱 —カミザール戦争の記録— カヴァリエ 二宮フサ訳
- ニコライの日記 —ロシア人宣教師が生きた明治日本— 全三冊 中村健之介編訳
- 徳川制度 全三冊・補遺 加藤貴校注

第二のデモクラテス
戦争の正当原因についての対話
セプールベダ
染田秀藤訳

ユグルタ戦争 カティリーナの陰謀
サルスティウス
栗田伸子訳

史的システムとしての資本主義
ウォーラーステイン
川北稔訳

岩波文庫の最新刊

パスカル／塩川徹也・望月ゆか訳
小品と手紙
『パンセ』と不可分な作として読まれてきた遺稿群。人間の研究と神の探求に専心した万能の天才パスカルの、人と思想と信仰を示す二一篇。
〔青六一四-五〕 定価一六五〇円

安倍能成著
岩波茂雄伝
高らかな志とあふれる情熱で事業に邁進した岩波茂雄（一八八一―一九四六）。「一番無遠慮な友人」であったという哲学者が、稀代の出版人の生涯と仕事を描く評伝。
〔青N一三一-一〕 定価一七一六円

グレゴリー・ベイトソン著／佐藤良明訳
精神の生態学へ（下）
世界を「情報＝差異」の回路と捉え、進化も文明も環境も包みこむ壮大なヴィジョンを提示する。下巻は進化論・情報理論・エコロジー篇。動物のコトバの分析など。（全三冊）〔青N六〇四-四〕 定価一二七六円

知里幸惠／中川裕補訂
アイヌ神謡集
アイヌの民が語り合い、口伝えに謡い継いだ美しい言葉と物語。熱き思いを胸に知里幸惠（一九〇三―二二）が綴り遺した珠玉のカムイユカラ。補訂新版。
〔赤八〇-一〕 定価七九二円

アリエル・ドルフマン作／飯島みどり訳
死と乙女
息詰まる密室劇が、平和を装う恐怖、真実と責任追及、国家暴力の闇という人類の今日的アポリアを撃つ。チリ軍事クーデタから五〇年、傑作戯曲の新訳。
〔赤N七九〇-一〕 定価七九二円

……今月の重版再開……

塙 治夫編訳
アブー・ヌワース アラブ飲酒詩選
定価六二七円
〔赤七八五-一〕

大杉 栄著／飛鳥井雅道校訂
自叙伝・日本脱出記
定価一三五三円
〔青一三四-一〕

定価は消費税10％込です　2023.8

岩波文庫の最新刊

トニ・モリスン著／都甲幸治訳

暗闇に戯れて
―白さと文学的想像力―

キャザーやポーらの作品を通じて、アメリカ文学史の根底に「白人男性を中心とした思考」があることを鮮やかに分析し、その構図を一変させた、革新的な批評の書。〔赤三四六-一〕 定価九九〇円

川崎賢子編

左川ちか詩集

左川ちか(一九一一-三六)は、昭和モダニズムを駆け抜けた若き女性詩人。夭折の宿命に抗いながら、奔放自在なイメージを、鮮烈な詩の言葉に結実した。〔緑二三二-一〕 定価七九二円

ヘルダー著／嶋田洋一郎訳

人類歴史哲学考(一)

風土に基づく民族・文化の多様性とフマニテートの開花を描こうとした壮大な歴史哲学。第一分冊は有機的生命の発展に人間を位置づける。(全五冊)〔青N六〇八-一〕 定価一四三〇円

泉 鏡花作

高野聖・眉かくしの霊

鏡花畢生の名作「高野聖」に、円熟の筆が冴える「眉かくしの霊」を併収した怪異譚二篇。本文の文字を大きくし、新たな解説を加えた改版。(解説＝吉田精一／多田蔵人)〔緑二七-一〕 定価六二七円

……今月の重版再開……

尾崎紅葉作

多情多恨

〔緑一四-七〕 定価一一三三円

大江健三郎・清水徹編

渡辺一夫評論選 狂気について 他二十二篇

〔青一八八-二〕 定価一一五五円